石油和化工行业
职业教育"十四五"规划教材

职业技能等级证书配套教材

化工危险与可操作性（HAZOP）分析

（中级）

辛 晓　李东升　徐 淳　主编
梅宇烨　李代华　陈少峰　副主编

化学工业出版社
·北京·

内容简介

本书根据教育部公布的《化工危险与可操作性（HAZOP）分析职业技能等级标准》中对中级的要求进行编写。

本书从 HAZOP 分析的基本概念着手，循序渐进介绍了 HAZOP 分析的具体方法和实战应用，同时对计算机辅助 HAZOP 分析发展趋势进行了阐述。本书设有基础篇、方法篇、应用篇、进展篇四个部分，借鉴行动导向教学理念，以"项目引领、任务驱动"的方式编写，每个项目按照学习目标、项目导言、项目实施、项目综合评价四个层次设置，共设有 11 个项目、31 个任务。每篇最后设有"行业形势"专栏，融入行业发展和动态，以期加深学生对行业的了解，提升学生的职业素养。另外，本书配备了部分视频资源，扫描二维码即可查看。

本书可作为"化工危险与可操作性（HAZOP）分析"1+X职业技能等级证书（中级）的技能培训教材，也可作为高职高专石油和化工类相关专业的教材及相关企业的员工培训用书，同时还可以供科研及生产一线的相关工程技术人员参考阅读。

图书在版编目（CIP）数据

化工危险与可操作性（HAZOP）分析：中级 / 辛晓，李东升，徐淳主编. 一北京：化学工业出版社，2022.7（2023.7重印）
1+X职业技能等级证书配套教材
ISBN 978-7-122-41663-6

Ⅰ.①化… Ⅱ.①辛…②李…③徐… Ⅲ.①化工产品－危险物品管理－职业技能－鉴定－教材 Ⅳ.①TQ086.5

中国版本图书馆 CIP 数据核字（2022）第 100345 号

责任编辑：葛瑞祎　刘　哲　　　　　　文字编辑：宋　旋
责任校对：边　涛　　　　　　　　　　装帧设计：张　辉

出版发行：化学工业出版社（北京市东城区青年湖南街13号　邮政编码100011）
印　　装：河北鑫兆源印刷有限公司
787mm×1092mm　1/16　印张15¼　字数360千字　2023年7月北京第1版第2次印刷

购书咨询：010-64518888　　　　　　售后服务：010-64518899
网　　址：http://www.cip.com.cn
凡购买本书，如有缺损质量问题，本社销售中心负责调换。

定　　价：56.00元　　　　　　　　　　　　　　　版权所有　违者必究

"化工危险与可操作性（HAZOP）分析"
1+X职业技能等级证书配套教材
审定委员会

主任委员　吴重光

副主任委员　辛　晓　　纳永良　　覃　杨

李代华　　梅宇烨　　刘丁丁

委　员（按姓名汉语拼音顺序排列）

郭　访　　东方仿真科技（北京）有限公司
侯　侠　　兰州石化职业技术大学
李代华　　东方仿真科技（北京）有限公司
李东升　　常州工程职业技术学院
李洪胜　　东方仿真科技（北京）有限公司
刘丁丁　　东方仿真科技（北京）有限公司
刘　艳　　东方仿真科技（北京）有限公司
刘　媛　　常州工程职业技术学院
梅宇烨　　中国化工教育协会
纳永良　　北京思创信息系统有限公司
覃　杨　　东方仿真科技（北京）有限公司
孙耀华　　兰州石化职业技术大学
吴重光　　北京化工大学
辛　晓　　中国化工教育协会
叶宛丽　　吉林工业职业技术学院
雍达明　　扬州工业职业技术学院

《化工危险与可操作性（HAZOP）分析（中级）》
编审人员名单

主　编　辛　晓　李东升　徐　淳

副主编　梅宇烨　李代华　陈少峰

编写人员（按姓名汉语拼音顺序排列）

　　　　陈　川　陈少峰　李代华　李东升　刘丁丁

　　　　刘维佳　刘　媛　梅宇烨　时光霞　辛　晓

　　　　徐　淳

主　审　纳永良

化工危险与可操作性（HAZOP）分析　（中级）

序

　　1+X 证书制度试点是深化职业教育改革的重要突破口，体现了职业教育与普通教育是两种不同类型的教育定位。2019 年 1 月，国务院发布《国家职业教育改革实施方案》（职教二十条），明确了深化职业教育改革的重大制度设计和政策举措，首次提出要在全国启动"学历证书 + 若干职业技能等级证书"（以下简称"1+X 证书"）制度试点。为了推动石油和化工行业 1+X 证书制度试点工作，在中国化工教育协会、全国石油和化工职业教育教学指导委员会的指导下，北京化育求贤教育科技有限公司于 2020 年成为教育部 1+X 证书试点的职业教育培训评价组织，面向全国开展"化工危险与可操作性（HAZOP）分析"1+X 职业技能等级证书的试点工作。

　　《化工危险与可操作性（HAZOP）分析》初级、中级、高级系列教材是目前国内化工类专业 1+X 证书的首批培训教材。本教材是在行业指导下，由行业企业专家和高职院校的资深教师联合编写的。教材内容依托《化工危险与可操作性（HAZOP）分析职业技能等级标准》和 HAZOP 分析工作实例进行编写，每个项目设置学习目标、项目导言、项目实施、项目综合评价四个板块，以项目任务形式呈现，打破了传统的章节框架局限。同时，通过阐述 HAZOP 分析技术与我国化工行业安全、工匠精神、安全人才培养、"卡脖子"技术等方面的关系，突出了思政教育。

　　当前我国经济正处在转型升级的关键时期，需要大量的技术技能人才，特别是石油和化工领域，高素质技术技能人才缺口很大，而职业教育培养的学生数量和质量还不能完全满足产业发展的需求。这就要求职业教育加快改革发展，进一步对接市场，优化专业结构，更大规模地、更高质量地培养技术技能人才，有效支撑石油和化工行业的高质量发展。1+X 证书制度试点正是在此背景下应运而生的。

　　推进 1+X 证书制度试点，把学历证书和职业技能等级证书结合起来，是职教改革方案的一大亮点，也是重大创新，充分体现了职业教育以职业为基础、以就业为导向的职业教育类型属性，是对以往职业教育制度设计的有效补充。同时，1+X 证书制度试点将填补放管服（简政放权、放管结合、优化服务）后技能评价的空白，推动培训评价组织成为新型的评价主体。相信这本教材的出版将会为"化工危险与可操作性（HAZOP）分析"1+X职业技能等级证书的推广应用，起到重要的推动作用。

　　本书承载的研究成果凝聚了编写组和众多参与人员的智慧和付出，在全行业正大力推动职业教育改革、推动1+X制度试点工作之际出版此书，非常及时，也很有意义。希望广大院校积极参与到1+X制度试点中来，共同推动职业教育改革与发展，为加快构建现代职业教育体系，培养更多高素质、技术技能人才，能工巧匠、大国工匠，作出新的贡献。

中国化工教育协会会长　郝长江

2022年5月

前　言

随着国家对安全生产日益重视，危险化学品生产企业越来越多地采用 HAZOP 分析等先进科学的风险评估方法来提升本质安全水平。《国家安全监管总局关于加强化工过程安全管理的指导意见》（安监总管三〔2013〕88 号）规定对涉及"两重点一重大"（重点监管危险化学品、重点监管危险化工工艺和危险化学品重大危险源）的生产储存装置进行风险辨识分析，要采用危险与可操作性（HAZOP）分析技术。

《化工危险与可操作性（HAZOP）分析（中级）》是基于教育部推进"1+X 证书"制度改革试点背景下，服务 1+X 职业技能等级证书而配套的培训学习教材，为响应国家完善职业教育和培训体系、深化产教融合的重大制度设计。

本教材分为基础篇、方法篇、应用篇、进展篇四部分，以"项目引领、任务驱动"作为编写逻辑，共设计 11 个项目和 31 个任务。基础篇包括认识 HAZOP 分析方法、HAZOP 分析的基本步骤确定与术语认知 2 个项目、4 个任务；方法篇包括确定 HAZOP 分析的目标、界定 HAZOP 分析的范围等 7 个项目、22 个任务；应用篇包括风险和风险矩阵认知与应用 1 个项目、3 个任务；进展篇包括计算机辅助 HAZOP 分析进展认知 1 个项目、2 个任务。本书以《化工危险与可操作性（HAZOP）分析职业技能等级标准》对中级的要求为编写依据，教材内容反映化工危险与可操作性（HAZOP）分析职业岗位能力要求，同时与职业院校相关专业课程有机衔接，实现岗课证融通。

本教材为新型项目化教材，按照 HAZOP 分析工作过程组织教材内容，每个项目设置学习目标、项目导言、项目实施、项目综合评价四个板块，打破了传统学科体系的章节框架局限。每个任务设置相关知识、任务实施、任务反馈三个模块，通过任务驱动的方式引导读者学习基础理论和掌握 HAZOP 分析目标确定、分析范围界定、团队组建、分析准备等实操技能。同时，通过阐述 HAZOP 分析技术与我国化工行业安全、工匠精神、安全人才培养、"卡脖子"技术等方面的关系，突出思政教育。

本教材由行业企业专家和高职院校的资深教师联合编写。编写人员有丰富的 HAZOP 分析工作经验和教学经验，而且对相关专业学生、企业人员的学习诉求非常了解。因此，本书在知识的专业性、设计的逻辑性和内容的实用性方面，均有较高水准。

本书由中国化工教育协会辛晓、常州工程职业技术学院李东升、四川化工职业技术学院徐淳担任主编，中国化工教育协会梅宇烨、东方仿真科技（北京）有限公司李代华、茂名职业技术学院陈少峰担任副主编。本书的编写大纲由辛晓提出；基础篇由辛晓、陈川、李东升共同编写；方法篇由李代华、刘丁丁、时光霞、徐淳共同编写；应用篇由辛晓、刘媛、刘维佳共同编写；进展篇由梅宇烨、陈少峰共同编写。全书由辛晓统稿、定稿。

北京思创信息系统有限公司纳永良博士对本书进行了审阅。在此，谨向在教材编写过程中作出贡献的各单位和各位领导、老师们表示衷心感谢。

由于编者水平和实践经验有限，书中不妥之处在所难免，敬请广大读者提出宝贵意见。

编者

2022 年 6 月

目 录

基础篇

方法篇

应用篇

进展篇

基础篇

项目一
认识 HAZOP 分析方法

【学习目标】

知识目标
1. 了解 HAZOP 分析方法的概念；
2. 熟悉 HAZOP 分析方法的适用范围；
3. 了解 HAZOP 分析方法的来源及特点。

能力目标
1. 能明了 HAZOP 分析的定义；
2. 能够清晰描述出 HAZOP 分析方法的适用范围；
3. 能够概述 HAZOP 分析方法的来源及特点。

素质目标
1. 通过学习 HAZOP 分析方法适用范围，知晓其重要性；
2. 树立安全发展理念，坚持生命至上；
3. 正确认识 HAZOP 分析方法的起源，树立安全价值观。

【项目导言】

　　危险与可操作性（Hazard and Operability）分析，简称 HAZOP 分析，它是一种被工业界广泛采用的工艺危险分析方法，也是有效排查事故隐患、预防事故发生和实现安全生产的重要手段之一。

　　HAZOP 研究的侧重点是工艺部分或操作步骤的各种具体值，其基本过程就是以引导词为引导，对过程中工艺状态（参数）可能出现的变化（偏差）加以分析，找出其可能导致的危害。HAZOP 分析方法明显不同于其他分析方法，它是一个系统工程。HAZOP 分析必须由不同专业组成的分析组来完成。HAZOP 分析的这种群体方式的主要优点在于能相互促进、开拓思路，这也是 HAZOP 分析的核心内容。

　　二十世纪六十年代，随着流程工业逐步大型化，越来越多的有毒和易燃化学品的使用，使得事故的规模变得越来越难以承受，先前人们那种从事故中汲取经验教训的方法开始变得难以接受。随着历史上一些重大事件的发生，有些基本的问题摆在了人们眼前：如何预知将要发生什么，对流程是否有恰当的技术理解，如何使流程设计易于管理等。这些事故案例使得人们急需一种系统化、结构化的分析方法，在设计阶段即对将来潜在的危险有一个预先的认知，同时也需要工厂能够更多地容忍操作人员的事故和不正常的情况出现。

英国帝国化学工业集团（Imperial Chemical lndustries，简称 ICI）因此开发了危险和可操作性（HAZOP）分析技术。HAZOP 分析是一种系统化和结构化的定性危险评价手段，主要用于确定在设计阶段工程设计中存在的危险及操作问题。HAZOP 分析是一种使用引导词（guide words）为中心的分析方法，以审查设计的安全性以及危害的因果关系。1974 年，ICI 正式发布了 HAZOP 分析技术，Kletz 等人在书中对 HAZOP 分析发展的历史和方法作了详尽的叙述。其后历经 ICI 和英国化学工业协会（CIA）之大力推广，此分析法逐渐由欧洲传播至北美、日本、沙特阿拉伯等国家及地区。很多国际型大公司和机构都根据自身企业特点制定了相应程序。英、美等国还将 HAZOP 列为强制性国标，强制相关企业遵守。

在国内方面，则是由台湾的黄清贤先生于 1987 年首先撰文介绍该法，在台湾为各大石化公司所推广及采用。大陆这方面工作开始较晚，二十世纪九十年代虽已开展调查跟踪，但未进行实质性工作。进入二十一世纪以来，很多国内设计单位才开始在设计过程中引入 HAZOP 分析方法。

据此，我国国内主要石化设计企业的安全审查重点，已由事故调查与统计跨入事前预防的领域，并同时将风险的观念及做法引入，使得工业安全及卫生管理工作逐渐由事故发生后的急救与援助阶段迈入防患于未然的阶段。

 【项目实施】

任务安排列表

任务名称	总体要求	工作任务单	建议课时
任务一 HAZOP 分析适用范围的确定	通过该任务的学习，掌握 HAZOP 分析方法的概念和适用范围	1-1	1
任务二 HAZOP分析方法的来源和特点分析	通过该任务的学习，掌握 HAZOP 分析方法的来源和特点	1-2	1

任务一　HAZOP 分析适用范围的确定

任务目标	1. 了解 HAZOP 分析方法的概念 2. 熟悉 HAZOP 分析方法的适用范围
任务描述	通过对概念和适用范围的学习，知晓确定 HAZOP 分析方法适用范围的重要性

一、HAZOP 分析方法概述

危险与可操作性分析（Hazard and Operability Analysis，HAZOP 分析）方法是由 ICI 公司于二十世纪七十年代早期提出的。HAZOP 分析法是按照科学的程序和方法，从系统的角度出发，对工程项目或生产装置中潜在的危险进行预先的识别、分析和评价，识别出生产装置设计及操作和维修程序，并提出改进意见和建议，以提高装置工艺过程的安全性和可操作性，为制订基本防灾措施和应急预案进行决策提供依据。

HAZOP 分析是一种用于辨识设计缺陷、工艺过程危害及操作性问题的结构化分析方法，其本质就是通过系列的会议对工艺图纸和操作规程进行分析。在这个过程中，由各专业人员组成的分析组按规定的方式系统地研究每一个单元（即分析节点），分析偏离设计工艺条件的偏差所导致的危险和可操作性问题。

HAZOP 分析组分析每个工艺单元或操作步骤，识别出那些具有潜在危险的偏差，这些偏差通过引导词引出，使用引导词的一个目的就是保证对所有工艺参数的偏差都进行分析，并分析它们的可能原因、后果和已有安全保护措施等，同时提出应该采取的安全保护措施。

二、HAZOP 分析方法的适用范围

HAZOP 分析既适用于设计阶段，也适用于现有的工艺装置。对现有的生产装置分析时，如能吸收有操作经验和管理经验的人员共同参加，会收到很好的效果。

通过 HAZOP 分析，能够发现装置中存在的危险，并根据危险带来的后果明确系统中的主要危害。如果需要，可利用故障树（FTA）对主要危害继续进行分析。因此，这又是确定故障树"顶上事件"的一种方法，可以与故障树配合使用。同时，针对装置存在的主要危险，可以对其进行进一步的定量风险评估，量化装置中主要危险带来的风险。某项目的 HAZOP 分析结果记录见表 1-1。

表 1-1　某项目的 HAZOP 分析结果记录

项目名称			某公司 1000t/ 年双丙酮丙烯酰胺项目	日期	2022.1
节点编号	N0001	设计意图	本项目采用连续法工艺生产双丙酮丙烯酰胺，将丙烯腈、丙酮、硫酸按照一定的配比混合后进行缩合反应，经恒温釜中转后再在水解釜内进行水解，水解后分相。无机相经过脱水后得到硫铵重复利用；有机相进入有机中和釜，通过氨水再次进行中和，有机相通过蒸发、萃取、脱氢、精馏、结晶、干燥、结片、粉碎等得到产品	节点对应 P&ID 编号	JK12074A010102-

设备	参数	偏差	偏差原因	后果	已有安全措施	建议措施
缩合 K111	温度	过高 MORE	反应放热，进料流量控制回路故障，流量控制阀开大，反应过于剧烈；搅拌电流过小，搅拌不均匀，造成局部过热；降温介质循环水流量过小；中和釜温度指示故障	影响产品产量；温度测量不准	1. 釜顶设置远传的温度显示及温度高报警；2. 丙酮、丙烯、硫酸进料管线均设置紧急切断阀；3. 通过调节循环水流量大小、温度高报开启紧急冷冻盐水及投料量大小来控制反应温度。4. 釜顶温度达到高高限值，联锁关闭硫酸、丙酮、丙烯腈进料管线上的切断阀，并调节循环水回水管线上的调节阀、联锁开启冷冻盐水上的切断阀，关闭循环水上水管线上的切断阀，联锁开启缩合釜至事故罐排料管线上的切断阀	定期检查维护设备、管道、阀门；加强操作人员日常巡检力度；购买合格产品；定期校验仪表
	泄漏	异常 OTHER THAN	阀门、法兰损坏；外力作用	可燃、有毒物料泄漏，造成人员中毒、火灾爆炸事故	1. 设置固定式可燃气体探测器；2. 配备防毒面具、防静电工作服、空气呼吸器；3. 装置内设淋浴洗眼器；4. 缩合釜顶部管线设置爆破片，当物料满溢时，泄放至事故罐	定期检查维护设备、管路、阀门；洗眼器设置防冻措施；定期更换个人防护用品
	操作	异常 OTHER THAN	人为违规操作；DCS系统故障	反应超温；物料泄漏造成事故	1. 设置固定式可燃气体探测器；2. 配备防毒面具、防静电工作服、空气呼吸器；3. 装置内设淋浴洗眼器	加强操作工培训，加强安全教育；购买合格产品

三、HAZOP 分析的作用

HAZOP 分析的目的是识别工艺生产或操作过程中存在的危害，识别不可接受的风险状况。其作用主要表现在以下两个方面。

1. 尽可能将危险消灭在项目实施早期

识别设计、操作程序和设备中的潜在危险，将项目中的危险尽可能消灭在项目实施的早期阶段，节省投资。

HAZOP 的记录，可为企业提供危险分析证明，并应用于项目实施过程。必须记住，HAZOP 只是识别技术，不是解决问题的直接方法。HAZOP 实质上是定性的技术，但是通过采用简单的风险排序，也可以用于复杂定量分析的领域，当作定量技术的一部分。

在项目的基础设计阶段采用 HAZOP，意味着能够识别基础设计中存在的问题，并能够在详细设计阶段得到纠正。这样做可以节省投资，因为装置建成后的修改比设计阶段的修改昂贵得多。

2. 为操作指导提供有用的参考资料

HAZOP 分析为企业提供系统危险程度证明，并应用于项目实施过程。HAZOP 分析可对许多操作提供满足法规要求的安全保障。HAZOP 分析可确定需采取的措施，以消除或降低风险。

HAZOP 能够为包括操作指导在内的文件提供大量有用的参考资料，因此应将 HAZOP 的分析结果全部告知操作人员和安全管理人员。根据以往的统计数据，HAZOP 可以减少 29% 设计原因的事故和 6% 操作原因的事故。

 【任务实施】

通过任务学习，完成 HAZOP 分析适用范围的确定（工作任务单 1-1）。

要求：1. 按授课教师规定的人数，分成若干个小组（每组 5 ～ 7 人）。

2. 完成后，以小组为单位向全体分享。

3. 时间在 30min 内，成绩在 90 分以上。

工作任务一　HAZOP 分析适用范围的确定		编号：1-1	
考查内容：HAZOP 分析方法的概念与适用范围			
姓名：	学号：		成绩：

1. HAZOP 分析方法的概念

某公司新建一个使用氯化钠（食盐）水溶液电解生产氯气、氢氧化钠的项目。该公司在新建项目设计合同中明确要求设计单位在基础设计阶段，通过系列会议对工艺流程图进行分析。必须由多方面的、专业的、熟练的人员组成的小组，按照规定的方法，对偏离设计的工艺条件进行危险辨识及安全评价。这种安全评价方法是（　　　）。

A. 预先危险分析（PHA）　　　　　　　B. 危险和可操作性分析（HAZOP）

C. 故障类型和影响分析（FMEA）　　　D. 事件树分析（ETA）

2. HAZOP 分析方法的适用范围

以某一项目为例，试分析在项目的六个阶段，哪些阶段可以使用 HAZOP 分析方法？并写出理由。

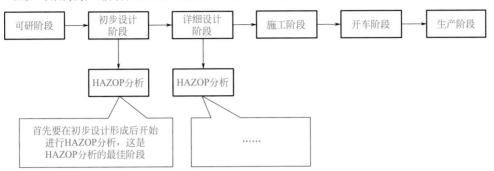

✏️ 【任务反馈】

简要说明本次任务的收获、感悟或疑问等。

1 我的收获

2 我的感悟

3 我的疑问

任务二 HAZOP 分析方法的来源和特点分析

任务目标	1. 了解 HAZOP 分析方法的来源 2. 了解 HAZOP 分析方法的特点
任务描述	通过对 HAZOP 分析方法的来源和特点的学习，树立安全价值观，为后续其正确使用奠定基础

一、HAZOP 分析方法的来源

1. 国外

HAZOP 诞生在英国，由化学工程师 T. 克莱兹在 41 岁时发明。1963 年，首次在英国帝国化学公司（ICI）新建苯酚工厂应用，在公司内部摸索和应用了 10 年之后才在英国普及推广。1974 年，英国 Filxborough Nypro 化工有限公司己内酰胺工厂的泄漏爆炸事故为世界上首次推动 HAZOP 培训、技术完善和广泛应用的化工事故。1983 年，在英国化学工程师协会（IChemE）培训课上首次命名为"HAZOP"（危险与可操作性分析）。此后，HAZOP 成为英国化学工程专业学位的必修课之一。

HAZOP 在欧盟的做法：欧盟法规要求保护人和环境的安全，原则性要求将危害设施风险降低到合理可接受范围，行业协会提供技术标准支持；海上和陆上油气化工设施在项目和运行改扩建阶段都要开展 HAZOP 工作，多项安全专题论证工作同时开展，包括 QRA/SIL/EERA/FEA/SCE 等；一般由独立的有资质的第三方提供 HAZOP 协助服务，HAZOP 的工作由业主强制执行、组织和开展。

HAZOP 在挪威的做法：挪威法规结构体系严谨，强调作业者的主体责任和各项符合性要求，要求保护人和环境的安全，采取一切措施降低风险，重视独立评估咨询和安全验证的作用；重大危害设施在项目和运行改扩建阶段都要开展 HAZOP 工作，多项安全论证同时进行，包括 QRA/SIL/CFD/WEA/CRIOP/SCE 等先进的技术评估和分析验证方法；HAZOP 工作由业主强制执行、组织和开展，并由独立的有资质的部门提供 HAZOP 协助服务。

HAZOP 在美国的做法：美国法规明确要求保护人和环境的安全，重大危害设施要控制风险并实行 PSM 管理体系，各级政府强化安全监管的角色。重大危害设施在项目和隐形改扩建阶段都要开展 HAZOP 工作，多项安全论证同时进行，包括 QRA/LOPA-SIL/CFD-FEA 等；HAZOP 的工作由业主强制执行、组织和开展，并由独立的有资质的部门提供 HAZOP 协助服务。

2. 国内

二十一世纪以来，随着新工艺的复杂程度越来越高，事故规模变得越来越难以承受，很多国内设计单位开始在设计过程中引入 HAZOP 分析方法。

国家安监总局《危险化学品建设项目安全评价细则（试行）》（安监总危化〔2007〕255 号）：对国内首次采用新技术、工艺的建设项目，除选择其他安全评价方法外，尽可能选择危险与可操作性研究法进行安全评价。

国务院安全生产委员会《国务院办公室关于进一步加强危险化学品安全生产指导工作的指导意见》（安委办〔2008〕26 号）：组织有条件的中央企业应用危险与可操作性分析技术（HAZOP），提高化工生产装置潜在风险辨识能力。

2010 年 11 月 4 日，国家安全监管总局与工业和信息化部发布了"关于危险化学品企业贯彻落实《国务院关于进一步加强企业安全生产工作的通知》的实施意见"：企业要积极利用危险与可操作性分析（HAZOP）等先进科学的风险评估方法，全面排查本单位的事故隐患，提高安全生产水平；大型和采用危险化工工艺的装置在初步设计完成后要进行 HAZOP 分析。

2011 年 6 月 20 日，《国家安全监管总局关于印发危险化学品从业单位安全生产标准化评审标准的通知》（安监总管三〔2011〕93 号）：一级企业涉及危险化工工艺和重点监管危险化学品的化工生产装置进行危险与可操作性分析（HAZOP），并定期应用先进的工艺（过程）安全分析技术开展工艺（过程）安全分析。

2012 年 7 月，国家安全监管总局发布的《危险化学品企业事故隐患排查治理实施导则》中明确要求，涉及"两重点一重大"（重点危险工艺、重点监管危化品和重大危险源）的危险化学品生产、储存企业应每五年至少开展一次危险与可操作性分析（HAZOP）。

2013 年 6 月 20 日，国家安全监管总局、住房城乡建设部《关于进一步加强危险化学品建设项目安全设计管理的通知》中要求，建设单位在建设项目设计合同中应主动要求设计单位对设计进行危险与可操作性（HAZOP）审查，并派遣有生产操作经验的人员参加审查，对 HAZOP 审查报告进行审核。涉及"两重点一重大"和首次工业化设计的建设项目，必须在基础设计阶段开展 HAZOP 分析。

二、HAZOP 分析方法的特点

HAZOP 分析方法的特点是由各专业人员组成的分析组以一系列会议的形式对装置工艺过程的危险与可操作性问题进行分析。与其他分析方法相比较，HAZOP 分析方法具有以下非常鲜明的特点。

特点之一："发挥集体智慧"。由多专业、具有不同知识背景的人员组成分析团队一起工作，比各自独立工作更能全面地识别危险和提出更具创造性的消除或控制危险的措施。实施方法是在主席的引导下通过专业化的会议讨论，充分发挥集体智慧。这一特点就是被誉为 HAZOP 专有的"头脑风暴"方法。

特点之二："引导词激发创新思维"。HAZOP 分析方法是一种有效的方向思维方式，通过人为地"制造事故"来识别事故。借助引导词联合工艺参数可以组合成偏离。从偏离点沿工艺过程正向识别不利后果，反向识别原因。简言之，当面对复杂的工艺过程一筹莫展时，引导词可以"单刀直入，切中要害"。

特点之三："系统化与结构化审查"。HAZOP 通过"用尽"可行的引导词，"遍历"工艺过程每一个细节，深入揭示和审查系统中潜在的危险事件和可操作性问题。这种剖析过程非常有助于全面、细致地了解事故发生的机理，并据此提出预防事故或减缓后果的措施。

 【任务实施】

通过任务学习，完成 HAZOP 分析方法的来源和特点分析（工作任务单 1-2）。
要求：1. 按授课教师规定的人数，分成若干个小组（每组 5～7 人）。
2. 完成后，以小组为单位向全体分享。
3. 时间在 30min 内，成绩在 90 分以上。

考查内容：HAZOP 分析方法的来源和特点		
姓名：	学号：	成绩：

1. HAZOP 分析方法的来源

根据 HAZOP 分析方法的起源，绘制历史表格。

序号	时间	典型事件

2. HAZOP 分析方法的特点

（多选题）HAZOP 的特点包括（　　　）。

A. 通过结构化和系统化的方法辨识潜在危险和可操作性问题，获得的结果大大有助于确定正确的补救措施

B. HAZOP 可辨识系统中的薄弱环节（现实存在的或假想的），包括物料流动、人流、数据流，或许多按预定的工作运作的事件或活动，或控制这种工序的程序

C. 如同连续过程一样，HAZOP 也可用于批处理和非稳定状态的过程和工序

D. HAZOP 可被看作是价值工程和风险管理的整个过程中的一个组成部分

✎ 【任务反馈】 —————————————————————

简要说明本次任务的收获、感悟或疑问等。

1	我的收获

2	我的感悟

3	我的疑问

👥 【项目综合评价】

姓名			学号			班级	
组别			组长及成员				

项目成绩：　　　　　　　　　　总成绩：

任务	任务一	任务二
成绩		

自我评价		
维度	自我评价内容	评分
知识	1. 了解 HAZOP 分析的概念（10 分）	
	2. 了解 HAZOP 分析的适用范围（20 分）	
	3. 了解 HAZOP 分析的来源和特点（10 分）	
能力	1. 能明了 HAZOP 分析的定义（20 分）	
	2. 能掌握 HAZOP 分析基本内容（20 分）	
素质	1. 能够认识到 HAZOP 分析的重要性（10 分）	
	2. 对 HAZOP 分析方法的起源有正确认识，具有安全价值观（10 分）	
总分		
我的反思	我的收获	
	我遇到的问题	
	我最感兴趣的部分	
	其他	

项目二
HAZOP 分析的基本步骤确定与术语认知

 【学习目标】

知识目标
1. 熟悉 HAZOP 分析基本步骤的程序和内容；
2. 熟悉 HAZOP 分析相关术语的概念及其应用场景；
3. 了解 HAZOP 分析与化工行业安全发展现状。

能力目标
1. 能够清晰描述出 HAZOP 分析基本步骤的顺序；
2. 能够清晰描述出 HAZOP 分析常用术语，并能够根据工艺场景正确应用 HAZOP 分析术语；
3. 能够知晓 HAZOP 分析在化工行业安全发展中的重要性。

素质目标
1. 树立安全风险无处不在、安全风险无时不有的意识；
2. 建立群策群力、科学管理、安全生产的理念；
3. 建立团队合作意识、协同创新的精神；
4. 建立项目建设过程中安全设计管理的新理念。

 【项目导言】

  HAZOP 分析是由一个多元化的团队，在风险分析师的引导下，采用结构化的方式，通过审查流程，发现潜在的危害和可操作性操作问题。HAZOP 分析的基本假设是"当实际流程在设计所允许的最大变动范围内运行时，不存在出现危险和操作问题的可能性"。这是每个 HAZOP 成员必须牢牢掌握的。

  HAZOP 主要应用在新设施或新流程的设计，现存设施或流程的周期性危害分析或管理发生改变，HAZOP 不仅应用于石油、化工和热力系统，而且还应用于储存、运输、操作、制造等流程和规程系统。按照 AP1750 的规定，HAZOP 定期分析的频率是 3～10 年，美国

OSHA29CFR1910.119 规定不超过 5 年。一般在项目初步设计完后可进行一次 HAZOP 分析，项目投产前可进行一次 HAZOP 分析，投产后每 5 年左右进行一次，如遇重大改造，变更后必须进行一次 HAZOP 分析。

　　HAZOP 方法分析一般由独立的专门咨询机构负责，设计、生产管理单位派人参加。项目组由项目负责人 1 名、技术专家若干名以及设计、生产管理人员组成。

　　HAZOP 方法是在了解确定的设计意图后，分析工艺管道与仪表流程图（P&ID）中某一节点的参数变化给整个系统带来的后果，同时假定设置的安全设施失效，分析其带来的危险性并评价其风险。

　　为防止遗漏或提问过多，HAZOP 方法规定了若干个引导词和若干常用工艺参数，分析时将引导词与相关参数结合在一起，应用于每个节点上找出可能出现各种偏差的原因、后果、风险等级、安全保护、建议措施并跟踪落实。

　　近几年，石油和化工行业的本质安全水平、安全管理水平都有大幅的提升，HAZOP 分析对促进化工行业安全发展起到了重要的作用。但同时，依然有重特大事故发生，精细化工、危废处理、危化品物流等领域尤其值得关注。重特大事故的发生，反映出石油和化工行业安全生产形势依然严峻。

【项目实施】

任务安排列表

任务名称	总体要求	工作任务单	建议课时
任务一 HAZOP 分析基本步骤的确定	通过该任务的学习，掌握 HAZOP 分析方法的基本步骤	2-1	1
任务二 HAZOP 分析相关术语的理解与应用	通过该任务的学习，掌握 HAZOP 分析相关术语的理解与应用	2-2	1

任务一　HAZOP 分析基本步骤的确定

任务目标	1. 了解 HAZOP 分析基本步骤的内容 2. 知晓 HAZOP 分析基本步骤的程序
任务描述	通过对 HAZOP 分析方法的基本步骤的学习，初步具备 HAZOP 分析能力

【相关知识】

HAZOP 分析方法可按以下步骤进行：

❶ 分析准备；

❷ 完成分析；

❸ 编制分析结果报告。

值得注意的是：分析组在完成某个分析节点后（不是全部），可将结果提交给设计人员，让设计人员着手对原设计进行修改。

一、分析准备

准备工作对 HAZOP 成功地进行分析非常重要，准备工作的工作量由分析对象的大小和复杂程度决定。

1. 确定分析对象、目的

分析的目的、对象和范围必须尽可能地明确。分析对象通常是由装置或项目的负责人确定的，并得到 HAZOP 分析组的组织者的帮助。应当按照正确的方向和既定目标开展分析工作，而且要确定应当考虑到哪些危险后果。例如，如果要求 HAZOP 分析确定装置建在什么地方才能使对公众安全的影响减到最小，这种情况下，HAZOP 分析应着重分析偏差所造成的后果对装置界区外部的影响。

2. 组成分析组

危险分析组的组织者应当负责组成有适当人数且有经验的 HAZOP 分析小组。HAZOP 分析组最少由 4 人组成，包括组织员、记录员、两名熟悉过程设计和操作的人员。虽然对简单、危险情况较少的过程而言，规模较小的分析组可能更有效率，但 5～7 人的分析组是比较理想的。如果分析小组规模太小，则由于参加人员的知识和经验的限制将可能得不到高质量的分析结果。

3. 获得必要的资料

最重要的资料就是各种图纸，包括 P&I 图、P&F 图、布置图等。此外，还包括操作规程、仪表控制图、联锁逻辑图，有时还需要装置手册和设备制造手册。重要的图纸和资料应当在分析会议之前分发到每位分析人员手中。资料清单参见表 2-1。

表 2-1　一般工艺过程（间歇、连续化）的 HAZOP 分析所需资料

所需资料	常规间歇反应过程	PLC 等控制的间歇反应过程	连续反应过程
基础数据	√	√	√
工艺流程	√	×	×
操作规程	√	√	√
计算机程序、逻辑图	×	√	√
流程图	√	√	√
配管图、设备图	√	√	√
过程控制模拟	×	√	√

注："×"不需要，"√"需要。

4. 将资料变成适当的表格并拟定分析程序

此阶段所需时间与过程的类型有关，如对连续过程，工作量最小。在分析会议之前使用

已更新的图纸（如果对设计进行过修改）确定分析节点，每一位分析人员在会议上都应有这些图纸。对于开会前所列出的偏离清单，在分析时是可以随时增减的；对于要分析的偏离清单，应是参会人员共同制订，但为了节省时间，一般会在分析讨论会之前由记录员准备好，但不是不可改变。为了让分析过程有条不紊，分析组的组织者通常在分析会议开始之前要制订详细的计划，必须花一定的时间根据特定的分析对象确定最佳的分析程序。

5. 安排会议次数和时间

一旦有关数据和图纸收集整理完毕，组织者开始着手制订会议计划。首先要确定会议所需时间，如某容器有 2 个进口、2 个出口、1 个放空点，则需要 3h 左右；另外一种方法是分析每个设备需要 2 ~ 3h。确定了所需时间后，组织者可以开始安排会议的次数和时间，每次会议持续时间不要超过 4 ~ 6h（最好安排在上午），会议时间越长效率越低，而且分析会议应连续举行，以免因时间间隔太长而在每次分析开始之前都需要重复上一次讨论的内容。最好把装置划分成几个相对独立的区域，每个区域讨论完毕后，会议组作适当修整，再进行下一区域的分析讨论。

二、完成分析

HAZOP 分析需要将工艺图或操作程序划分为分析节点或操作步骤，然后用偏差找出过程的危险。石油生产工艺系统用到的主要引导词和组合形成的偏差见表 2-2。

表 2-2　主要引导词和组合形成的偏差

序号	偏差（引导词＋工艺）	序号	偏差（引导词＋工艺）
1	高流量、低流量、无流量、逆流量、两项流量	5	化学药剂注入
2	高液位、低液位、空液位	6	调试、启动、停车、维修
3	高压力、低压力	7	仪表选型
4	高温度、低温度	8	可操作性 / 可靠性

图 2-1 为 HAZOP 分析流程。分析组对每个节点或操作步骤使用引导词进行分析，可得到一系列的结果：

【讲解视频】分析流程

❶ 偏差的原因、后果、保护装置、建议措施；

❷ 需要更多的资料才能对偏差进行进一步的分析；

❸ 每个偏差的分析及建议措施完成之后，再进行下一偏差的分析；

❹ 在考虑采取某种措施提高安全性之前，应对与分析节点有关的所有危险进行分析。

对一个装置可以按以下步骤进行分析：

❶ 为了便于分析，根据设计和操作规程将装置分成若干"单元操作"（如反应器、蒸馏塔、热交换器、粉碎机、储槽等）。

❷ 每个单元操作又被划分为若干辅助单元（如热交换器、接管、公用工程等）。

❸ 明确规定每一个单元操作以及辅助单元的设计参数及操作规程。

❹ 根据设计说明和操作规程的要求，仔细查找第一个单元和辅助单元的可能偏差，并用引导词逐一检查。

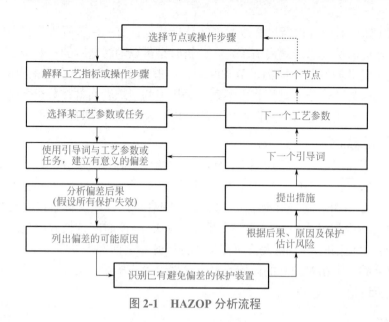

图 2-1　HAZOP 分析流程

❺ 将已分析到的单元操作和设备在流程图上划出，然后对没有分析到的单元逐步分析，直至装置全部被检查到。

❻ 识别的危险列入表中，并根据风险的划分，采取安全对策，将风险减低到安全水平。

三、编制分析结果报告

分析记录是 HAZOP 的一个重要组成部分，负责会议记录的人员应根据讨论过程提炼出恰当的结果，不可能把会议上每一句话都记录下来，但是必须记录所有重要的意见。通常 HAZOP 分析会议用到的 HAZOP 分析记录表见表 2-3。

表 2-3　HAZOP 分析记录表

分析节点编号				
图纸号				
图纸说明				
分析人员				
分析日期				
序号	偏差	可能的原因	后果	必要的对策

通过任务学习，完成 HAZOP 分析基本步骤的确定（工作任务单 2-1）。

要求：1. 按授课教师规定的人数，分成若干个小组（每组 5 ～ 7 人）。

2. 完成后，以小组为单位向全体分享。

3. 时间在 30min 内，成绩在 90 分以上。

工作任务一　　HAZOP 分析基本步骤的确定　　　　编号：2-1		
考查内容：HAZOP 分析的基本步骤		
姓名：	学号：	成绩：

1. HAZOP 分析基本步骤的内容

HAZOP 分析方法是一种定性的安全评价方法。它的基本过程是以关键词为引导，找出过程中工艺状态的偏差，然后分析找出偏差的原因、后果及可采取的对策。下列关于 HAZOP 评价方法的组织实施说法中，正确的是（　　　）。

A. 评价涉及众多部门和人员，必须由企业主要负责人担任组长

B. 评价工作可分为熟悉系统、确定顶上事件、定性分析 3 个步骤

C. 可由一位专家独立承担整个 HAZOP 分析任务，小组评审

D. 必须由一个多专业且专业熟练的人员组成的工作小组完成

2. HAZOP 分析基本步骤的程序

HAZOP 分析方法步骤分为分析准备、完成分析和编制分析结果报告。试根据所学到的知识将相关词语填入下图。①确认分析对象、目的；②组成分析组；③获得必要的资料；④设计相应的表格和程序；⑤安排会议次数和时间；⑥分析组进行 HAZOP 分析；⑦分析结果文件；⑧表格；⑨分析结果处理／实施；⑩偏差；⑪原因；⑫后果；⑬安全保护；⑭建议措施。

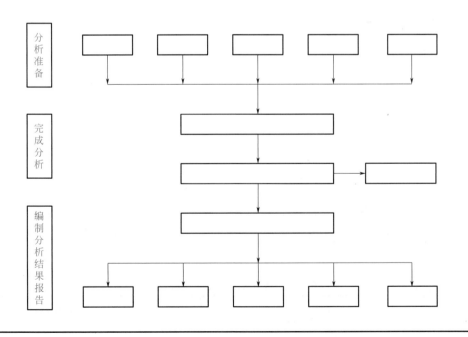

简要说明本次任务的收获、感悟或疑问等。

1 我的收获

2 我的感悟

3 我的疑问

任务二 HAZOP 分析相关术语的理解与应用

任务目标	1. 熟悉 HAZOP 分析常用术语的概念 2. 了解 HAZOP 分析相关术语的应用
任务描述	通过本任务的学习，掌握 HAZOP 分析相关术语的正确运用

【相关知识】

一、分析节点

分析节点指具体确定边界的设备（如量容器之间的管线）单元，对单元内工艺参数的偏差进行分析。在应用导则中，"分析节点"即是"部分"，是指当前分析的对象是系统的一部分。对于连续的工艺操作过程，HAZOP 分析节点为工艺单元。常见的工艺单元节点类型见表 2-4。

表 2-4　常见工艺单元的节点类型

序号	节点类型	序号	节点类型
1	管线	2	泵

序号	节点类型	序号	节点类型
3	间歇式反应器	9	熔炉、炉子
4	连续式反应器	10	热交换器
5	罐/槽/容器	11	软管
6	塔	12	公用工程与服务设施
7	压缩机	13	其他
8	鼓风机	14	以上基本节点的合理组合

再比如塔类设备的节点划分，根据塔操作的复杂性而定：

❶ 当分馏塔操作简单，只有包括顶部冷凝、回流，底部出料、取热流程时，可将该塔的所有操作流程作为一个节点去分析；

❷ 当分馏塔操作复杂，除了塔顶和塔底流程外，还具有中段回流、侧线抽出等流程时，如常压塔、减压塔，应将塔的顶部冷凝、回流，中段回流取热，各抽出侧线以及塔底流程均作为独立的节点去分析考虑。

二、操作步骤

间歇过程的不连续动作，或者是由 HAZOP 分析组分析的操作步骤，可能是手动、自动或计算机自动控制的操作。间歇过程每一步使用的偏差可能与连续过程不同。

三、引导词

引导词用于定性或定量设计工艺指标的简单词语，引导识别工艺过程的危险。常见的引导词见表 2-5。

表 2-5　HAZOP 方法常用引导词及其含义

引导词	含义
无或没有（NONE）	设计或操作要求没指标或事件完全不发生，如无流量
低或少（LESS）	同正常值比，数值偏小，如温度、压力值偏低
高或多（MORE）	同正常值比，数值偏大，如温度、压力值偏高
部分（PARTOF）	只完成既定功能的一部分，如组成发生变化
额外（ASWELLAS）	在完成既定功能的同时，伴随多余事件发生
相反（REVERSE）	出现与设计要求完全相反的事或物，如流体反向流动
异常（OTHER THAN）	出现与设计要求不相同的事或物

四、工艺参数

工艺参数指与过程有关的物理和化学特性，见表 2-6。应该指出的是，这些参数是一些广义概念的工艺参数。在对某一建设项目进行分析时，还可根据该项目工艺系统的特点选择合适的参数。

表 2-6　HAZOP 常用工艺参数

流量	时间	次数	混合
压力	组分	黏度	副产品（副反应）
温度	pH 值	电压	分离
液位	速率	数据	反应

五、工艺指标

工艺指标指确定装置如何按照要求进行操作而不发生偏差的条件，即工艺过程的正常操作条件。

六、偏差

偏差指分析组使用引导词系统对每个分析节点的工艺参数（如流量、压力等）进行分析后发现的系列偏离工艺指标的情况，偏差的形式通常是"引导词＋工艺参数"。例如，"无"是一个引导词，"流量"是一种参数，两者搭配形成一种异常偏差"无流量"。当分析的对象是一条管道时，据此引导词就可以得出该管道流量的一种异常偏差"无流量"。

七、原因

此原因指发生偏差的原因。一旦找到发生偏差的原因，就意味着找到了对付偏差的方法和手段。这些原因可能是设备故障、人为失误、不可预料的工艺状态（如组成改变）、外界干扰（如电源故障）等。偏差的原因推测举例见表 2-7。

表 2-7　偏差的原因推测举例

偏差	原因
泄漏	软管、膨胀节、腐蚀介质的管线、换热器芯子、阀门内漏、没有装盲板
液位 / 界位高	进料大于出料、液位指示虚低、液位控制阀 / 泵失效、出料口堵塞、错误进料
液位 / 界位低	进料小于出料、液位指示虚高、液位控制阀 / 泵失效、出料口堵塞、错误进料
温度高	反应放热、热媒过量、温控失效、热物料过多、环境温度高
温度低	反应吸热、热媒不足、温控失效、热物料过小、环境温度低
混合 / 搅拌不足	搅拌器失效、时间不足、物料过多、黏稠、沉淀、分层
压力高 / 低	释放阀 / 呼吸阀失效、抽空、压力控制阀失效

八、后果

后果指偏差所造成的结果。后果分析是假定发生偏差时已有安全保护系统失效，不考虑那些细小的与安全无关的后果。在写偏差导致的后果时，注意要把后果的逻辑关系描述清楚。例如："罐 D-101 汽油液位过高溢出，遇点火源可能导致着火爆炸"，不要在结果内只写"着火爆炸"。

九、安全措施

安全措施指设计的工程系统或调节控制系统，用以避免或减轻偏差发生时所造成的后果，如报警、联锁、安全阀、爆破片等。

十、保护措施分析

保护措施是指设计的工程安全设施、调节控制系统或规定的操作步骤等，分为两个方面：防止事故发生的措施和减轻事故后果的措施。

分析现有的安全保护措施能否有效地抑制该偏差到事故的演变，以识别出工艺设计或操作程序方面存在的漏洞和隐患，以便及时予以改正或采取补救措施。这是 HAZOP 设计审查的主要目的。

【任务实施】

通过任务学习，完成 HAZOP 分析相关术语的理解和应用（工作任务单 2-2）。

要求：1. 按授课教师规定的人数，分成若干个小组（每组 5～7 人）。

2. 完成后，以小组为单位向全体分享。

3. 时间在 30min 内，成绩在 90 分以上。

工作任务二　　HAZOP 分析相关术语的理解与应用		编号：2-2
考查内容：HAZOP 分析相关术语的理解和应用		
姓名：	学号：	成绩：

1. HAZOP 分析相关术语的理解

（1）（多选题）以下关于常用的 HAZOP 分析术语的描述，正确的是（　　）。

A. "工艺单元"的定义是：具有规定界限之内的设备单元，研究设备内可能发生偏差的参数

B. "操作步骤"的定义是：确定在偏差情况下如何进行操作

C. "工艺参数"的定义是：与工艺过程有关的物理或化学特性

D. "安全措施"的定义是：为防止各种偏差及由偏差造成的后果而设计的工程系统和控制系统

E. "原因"是指发生偏差的原因

（2）为进一步强化安全生产工作，某化工企业 2019 年实施了以下安全技术措施计划项目：①根据 HAZOP 分析结果，加装了压缩机入口分离器液位高联锁；②在中控室增加了有毒气体检测声光报警；③对鼓风机安装了噪声防护罩；④对淋浴室、更衣室进行了升级改造；⑤为安全教育培训室配备了电脑和投影设备。下列安全技术措施计划项目分类的说法中，正确的是（　　）。

A. ②③属于卫生技术类措施　　　　　　B. ④⑤属于安全教育类措施

C. ③④属于辅助类措施　　　　　　　　D. ①②属于安全技术类措施

2. HAZOP 分析相关术语的应用

某厂以原料 A 和原料 B 生产产品 C，生产装置为非间歇常压反应釜，配有罐式搅拌装置进行搅拌，釜上配有远程温度显示但无高低温报警，无冷却装置。生产时，原料 B 首先投入反应釜内，原料 A 通过进料管输送至反应釜内，进料管上设置远程流量显示，反应温度为 25℃，放热量较大的生产工艺反应方程式为：A+B ⟶ C，反应温度高时易引起副反应，原料 A 过量也容易引起副反应，反应的副反应的产物风险偏高，其生产工艺系统示意图如下所示。

技术人员拟用 HAZOP 分析方法对其生产工艺进行评价，请解释对该生产工艺进行 HAZOP 方法分析时要用到的主要术语（不少于 5 个）。

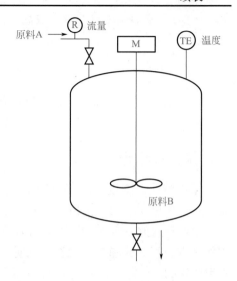

【任务反馈】

简要说明本次任务的收获、感悟或疑问等。

1 我的收获

2 我的感悟

3 我的疑问

姓名		学号		班级	
组别		组长及成员			

项目成绩：　　　　　　　　　　　　总成绩：

任务	任务一	任务二
成绩		

自我评价

维度	自我评价内容	评分
知识	1. 掌握 HAZOP 分析的基本步骤（20 分）	
	2. 熟悉 HAZOP 分析的相关术语（10 分）	
	3. 了解 HAZOP 分析的相关术语的应用（10 分）	
	4. 了解 HAZOP 分析对化工安全发展的重要性（10 分）	
能力	1. 能明确 HAZOP 分析术语的应用场景（10 分）	
	2. 能掌握 HAZOP 分析基本步骤的顺序（20 分）	
素质	1. 具有风险意识，坚持科学管理、安全设计、安全生产理念（10 分）	
	2. 具有团队合作意识及协同创新的精神（10 分）	
总分		
我的反思	我的收获	
	我遇到的问题	
	我最感兴趣的部分	
	其他	

【行业形势】

HAZOP 分析与化工行业安全发展

近些年来，根据行业数据显示，我国在危化品生产、运输处置等环节共发生的重特大事故处于历史高位，化工和涉及危险化学品的重特大事故所占比越来越大。

目前，我国危化品安全生产有发展快速体量大、风险管控难度大、存在短板压力大的问题。一是分布范围广；二是企业数量多；三是安全基础差；四是涉及环节多；五是责任不落实，企业主体责任不落实，"三个必须"不到位。此外，还出现了一些新问题，如：规划不科学导致"城围化工"；新建生产装置趋于大型化集约化和一体化、安全风险增大；特大桥梁、特长隧道涌现，危化品运输安全风险加大；日益趋严的环保法规对安全生产带来更多的新要求等。

综合来看，当前我国仍处于工业化、城镇化过程中，化工行业仍处在快速发展期，安全与发展不平衡不充分的矛盾问题十分突出，**危化品安全生产工作和相应的 HAZOP 分析亟待全面加强**。为此，国家出台了如《危险化学品安全专项整治三年行动实施方案》等一系列文件。危险化学品的风险防控是该方案的重中之重，主要涉及 3 个方面：第一，危化品的安全专项治理，主要是突出高危工艺企业的本质安全水平的问题，如何提升这些高危工艺的本质安全水平，**HAZOP 分析将在其中发挥重要作用**；第二，关于工业园区的安全整治，工业园区现在最大的问题是简单地把化工企业搬到一起，没有科学的、整体的规划和风险评估，从而产生了多米诺骨牌现象；第三，对于危险废物的安全整治，要把危险化学品的全过程监管实施起来，从生产、经营、储存、运输到废弃物的处置全链条加强监管等，**HAZOP 分析尤为必要**。

随着工业互联网技术普及应用，化工行业的安全问题除了传统意义上的工艺安全、本质安全和安全管理等，工控系统威胁正在加剧，网络安全问题日益凸显，成为行业必须要重点防范的新危险源。不同于以往的安全风险，新的网络安全威胁更具隐蔽性，且后果也更严重。石化企业涉及大量的高温高压生产工艺，原料和产品也多具有毒有害和危险性，工控系统一旦被攻击入侵，极易造成生产骤停，引发爆炸、泄漏、污染等一系列重大安全事故和环境风险，带来巨大经济损失或人员伤亡，应当引起高度重视。针对这一严峻的网络安全形势，近两年，我国政府出台了一系列相应的政策，明确了工业控制系统安全未来的发展方向及重点工作。**我们应该积极关注行业发展，树立安全发展理念，坚持生命至上。**

扫描二维码
查看更多资讯

化工危险与可操作性（HAZOP）分析 （中级）

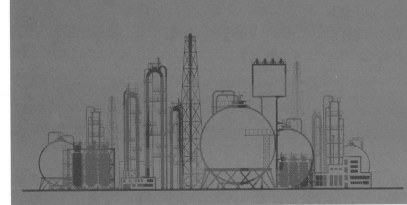

方法篇

项目三
确定 HAZOP 分析的目标

【学习目标】

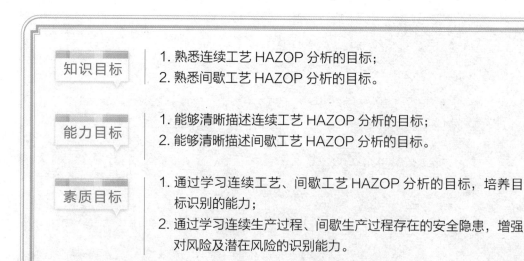

知识目标	1. 熟悉连续工艺 HAZOP 分析的目标； 2. 熟悉间歇工艺 HAZOP 分析的目标。
能力目标	1. 能够清晰描述连续工艺 HAZOP 分析的目标； 2. 能够清晰描述间歇工艺 HAZOP 分析的目标。
素质目标	1. 通过学习连续工艺、间歇工艺 HAZOP 分析的目标，培养目标识别的能力； 2. 通过学习连续生产过程、间歇生产过程存在的安全隐患，增强对风险及潜在风险的识别能力。

【项目导言】

近十多年来，我国完成了中海壳牌、赛科、扬巴一体化、福建炼化一体化等多个世界级的大型合资项目，且每个项目的设计阶段都进行了 HAZOP 分析。工程设计阶段的 HAZOP 分析一般在基础设计的后期和详细设计阶段进行：基础设计阶段的 HAZOP 分析主要针对工艺流程；详细设计阶段的 HAZOP 分析主要针对设备和重大的设计变更。在工程设计阶段开展 HAZOP 分析对未来二三十年内工艺装置的安全性和可操作性有着至关重要的影响。

生产运行阶段的装置称为在役装置。在役装置，特别是历史较长的在役装置，由于在其建设时期的过程安全技术相对落后，安全要求及标准较低，企业的安全生产管理体系尚未有效建立和实施，对风险的识别和控制能力相对有限，加之存在制造加工技术和设备材质等缺陷，故在工艺系统中留下了安全隐患。在役装置大多数在设计阶段没有做过 HAZOP 分析。由于技术和安全标准在进步，无论以前是否做过 HAZOP 分析，对在役装置每隔几年做一次 HAZOP 分析都是非常有必要的。本项目主要介绍不同阶段的 HAZOP

分析目标与分析全过程管理流程，能够帮助学生在既定的时间内快速地对工艺装置进行安全分析，识别出风险，检查出安全措施的安全性，从而为完成一次高质量的 HAZOP 分析会议提供好的开端。

【项目实施】

任务安排列表

任务名称	总体要求	工作任务单	建议课时
任务一 连续工艺 HAZOP 分析目标的确定	通过该任务的学习，掌握连续工艺 HAZOP 分析目标	3-1	1
任务二 间歇工艺 HAZOP 分析目标的确定	通过该任务的学习，掌握间歇工艺 HAZOP 分析目标	3-2	1

任务一　连续工艺 HAZOP 分析目标的确定

任务目标	1. 熟悉连续工艺 HAZOP 分析目标包含的内容 2. 了解连续工艺存在的安全隐患 3. 了解连续工艺 HAZOP 分析的应用场合
任务描述	通过对本任务的学习，知晓连续工艺 HAZOP 分析目标确定的重要性

【相关知识】

一、连续工艺存在的安全隐患

在化工生产中，化工装置有很多的安全隐患，从类型上主要分为以下几类。

1. 设备设施类

（1）反应釜、反应器

❶ 减速机噪声异常。

❷ 减速机或机架上油污多。

❸ 减速机塑料风叶热熔变形。

❹ 机封、减速机缺油。

❺ 垫圈泄漏。

❻ 防静电接地线损坏、未安装。

❼ 安全阀未年检、泄漏、未建立台账。

⑧ 温度计未年检、损坏。

⑨ 压力表超期未年检、损坏或物料堵塞。

⑩ 重点反应釜未采用双套温度、压力显示、记录报警。

⑪ 爆破片到期未更换、泄漏、未建立台账。

⑫ 爆破片下装阀门未开。

⑬ 存在爆炸危险反应釜未装爆破片。

⑭ 温度偏高、搅拌中断等存在异常升压或冲料。

⑮ 放料时底阀易堵塞。

⑯ 不锈钢或碳钢釜存在酸性腐蚀。

⑰ 装料量超过规定限度等超负荷运转。

⑱ 搪瓷釜内搪瓷破损仍用于腐蚀、易燃易爆场所。

⑲ 压力容器超过使用年限、制造质量差，多次修理后仍泄漏。

⑳ 缺位号标识或不清。

㉑ 对有爆炸敏感性的反应釜未能有效隔离。

㉒ 重要设备未制订安全检查表。

㉓ 重要设备缺备件或备机。

（2）冷凝器、再沸器

① 腐蚀、垫圈老化等引起泄漏。

② 冷凝后物料温度过高。

③ 换热介质层被淤泥、微生物堵塞。

④ 高温表面没有防护。

⑤ 冷却高温液体（如150℃）时，冷却水进出阀未开，或冷却水量不够。

⑥ 蒸发器等在初次使用时，急速升温。

⑦ 换热器未考虑防振措施，使与其连接管道因振动造成松动泄漏。

（3）管道及管件

① 管道安装完毕，内部的焊渣、其他异物未清理。

② 视镜玻璃不清洁或损坏。

③ 选用视筒材质耐压、耐温性能不妥，视筒安装不当。

④ 视筒破裂或长时间带压使用。

⑤ 防静电接地线损坏。

⑥ 管道、法兰或螺栓严重腐蚀、破裂。

⑦ 高温管道未保温。

⑧ 泄爆管制作成弯管。

⑨ 管道物料及流向标识不清。

⑩ 管道色标不清。

⑪ 调试时不同物料串接阀门未盲死。

⑫ 废弃管道未及时清理。

⑬ 管阀安装位置低，易撞头或操作困难。

⑭ 腐蚀性物料管线、法兰等易泄漏处未采取防护措施。

⑮ 高温管道边放置易燃易爆物料的铁桶或塑料桶。

⑯ 管道或管件材料选材不合理，易腐蚀。

⑰ 玻璃管液位计没有防护措施。

⑱ 在可能爆炸的视镜玻璃处，未安装防护金属网。

⑲ 止回阀不能灵活动作或失效。

⑳ 电动阀停电、气动阀停气。

㉑ 使用氢气等压力管道没有定期维护保养或带病运行。

㉒ 使用压力管道时，操作人员未经培训或无证上岗。

㉓ 维护人员没有资质修理、改造压力管道。

㉔ 压力管道焊接质量低劣，有咬边、气孔、夹渣、未焊透等焊接缺陷。

㉕ 压力管道未按照规定设安全附件或安全附件超期未校验。

㉖ 压力管道未建立档案、操作规程。

㉗ 搪玻璃管道受钢管等撞击。

㉘ 生产工艺介质改变后仍使用现有管线阀门未考虑材料适应性。

㉙ 氮气管与空气管串接。

㉚ 盐水管与冷却水管串接。

（4）输送泵、真空泵

❶ 泵泄漏。

❷ 异常噪声。

❸ 联轴器没有防护罩。

❹ 泵出口未装压力表或止回阀。

❺ 长期停用时，未放净泵和管道中液体，造成腐蚀或冻结。

❻ 容积泵在运行时，将出口阀关闭或未装安全回流阀。

❼ 泵进口管径小或管路长或拐弯多。

❽ 离心泵安装高度高于吸入高度。

❾ 未使用防静电皮带。

（5）离心机

❶ 甩滤溶剂，未充氮气或氮气管道堵塞或现场无流量计可显示。

❷ 精烘包内需用离心机甩滤溶剂时，未装测氧仪及报警装置。

❸ 快速刹车或用辅助工具（如铁棒等）刹车。

❹ 离心机未有效接地。

❺ 防爆区内未使用防静电皮带。

❻ 离心机运行时，振动异常。

❼ 双锥（双锥回转真空干燥机）。

❽ 无防护栏及安全联锁装置。

❾ 人员爬入双锥内更换真空袋。

❿ 传动带无防护。

2. 电气仪表类

❶ 防爆区内设置非防爆电器或控制柜非防爆。

❷ 配电室内有蒸汽、物料管、粉尘、腐蚀性物质，致使电柜内的电气设备老化，导致

短路事故。

③ 变压器室外有酸雾腐蚀或溶剂渗入或粉尘多。

④ 配电柜过于陈旧，易产生短路。

⑤ 电缆靠近高温管道。

⑥ 架空电缆周边物料管道、污水管道等泄漏，使腐蚀性物料流入电缆桥架内。

⑦ 电缆桥架严重腐蚀。

⑧ 电缆线保护套管老化断裂。

⑨ 敷设电气线路的电缆或钢管在穿过不同场所之间的墙或楼板处孔洞时，未采用非燃烧性材料严格堵塞。

⑩ 开关按钮对应设备位号标识不清。

⑪ 露天电动机无防护罩。

⑫ 设备与电气不配套（小牛拖大车、老牛拖大车）导致电气设备发热损坏、起火。

3. 人员、现场操作

① 没有岗位操作记录或操作记录不完整。

② 吸料、灌装、搬运腐蚀性物品未戴防护用品。

③ 存在操作人员脱岗、离岗、睡岗等现象。

④ 粉体等投料岗位未戴防尘口罩。

⑤ 分层釜、槽分水阀开太大，造成水中夹油排入污水池或排水时间过长忘记关阀而跑料。

⑥ 高温釜、塔内放入空气。

⑦ 提取催化剂（如活性炭等）现场散落较多。

⑧ 用铁棒捅管道、釜内堵塞的物料或使用不防爆器械产生火花。

⑨ 使用汽油、甲苯等易燃易爆溶剂处，釜、槽未采用氮气置换。

⑩ 烟尘弥漫、通风不良或缺氧。

⑪ 带压开启反应釜盖。

⑫ 员工有职业禁忌或过敏症或接触毒物时间过长。

4. 生产工艺

① 存在突发反应，缺乏应对措施及培训。

② 随意改变投料量或投料配比。

③ 工艺变更未经过严格审定、批准。

④ 工艺过程在可燃气体爆炸极限内操作。

⑤ 使用高毒物料时，采用敞口操作。

⑥ 未编写工艺操作规程进行试生产。

⑦ 未编写所用物料的物性资料及安全使用注意事项。

⑧ 所用材料分解时，产生的热量未经详细核算。

⑨ 存在粉尘爆炸的潜在危险性。

⑩ 某种原辅料不能及时投入时，釜内物料暂存时存在危险。

⑪ 原料或中间体在储存中会发生自燃或聚合或分解危险。

⑫ 工艺中各种参数（温度、压力等）接近危险界限。

⑬ 发生异常状况时，没有将反应物迅速排放的措施。

⑭ 没有防止急剧反应和制止急剧反应的措施。

二、连续工艺 HAZOP 分析应用场景

1. 连续工艺的改造项目

改造项目 P&ID 确定之后的基础设计或详细设计阶段需要 HAZOP 分析。时间安排应该尽量充裕一些，以期 HAZOP 分析能够系统深入，设计能更臻完善。此时进行 HAZOP 分析能及时改正错误，降低成本，减少损失。对于大型技术改造项目实施 HAZOP 分析，可参照工程设计阶段 HAZOP 分析的程序和做法。

2. 工艺或设施的变更

当工艺条件、操作流程或机器设备有变更时，需要进行 HAZOP 分析以识别新的工艺条件、流程、物料、设备是否带来新的危险，并确认变更的可行性。HAZOP 分析可以考虑成为企业变更管理的一项规定。

变更管理的一项重要任务是对变更实施危险审查，提出审查意见，这正是 HAZOP 分析的强项。通过 HAZOP 分析还可以帮助变更管理完成多项任务，例如：更新 P&ID 和工艺流程图；更新相关安全措施；提出哪些物料和能量平衡需要更新；提出哪些释放系统数据需要更新；更新操作规程；更新检查规程；更新培训内容和教材等。

3. 定期开展 HAZOP 分析

对涉及"两重点一重大"生产装置要进行 HAZOP 分析，大型储存装置（构成重大危险源）要进行定量风险评估，"两重点一重大"装置设施一般每 3 年进行一次；其他生产储存装置可每 5 年进行一次；装置发生与工艺有关的较大事故后，应及时开展 HAZOP 分析；装置发生较大工艺设备变更之前，应根据实际情况开展 HAZOP 分析。

三、连续工艺 HAZOP 分析目标

对连续工艺进行 HAZOP 分析，可以全面深入地识别和分析在役装置系统潜在的危险，明确潜在危险的重点部位，确定在役装置日常维护的重点目标和对象，进而完善针对重大事故隐患的预防性安全措施。这样，通过连续生产阶段的 HAZOP 分析可以将企业安全监管的重点目标更加具体化，更加符合企业在役装置的实际，有助于提高安全监管效率。连续生产阶段的 HAZOP 分析是企业建立隐患排查治理常态化机制的有效方式。

连续生产阶段 HAZOP 分析的目标主要有以下几个方面：

❶ 系统地识别和评估在役装置潜在的危险，排查事故隐患，为隐患治理提供依据；

❷ 评估装置现有控制风险的安全措施是否足够，需要时提出新的控制风险的建议措施；

❸ 识别和分析可操作性问题，包括影响产品质量的问题；

❹ 完善在役装置系统过程安全信息，为修改完善操作规程提供依据，为操作人员的培训提供更为结合实际的数据。

🐟 【任务实施】 ————————————————————————

通过任务学习，完成连续生产工艺 HAZOP 分析目标的确定（工作任务单 3-1）。

要求：1. 按授课教师规定的人数，分成若干个小组（每组 5 ～ 7 人）。

2. 完成后，以小组为单位向全体分享。

3. 时间在 30min 内，成绩在 90 分以上。

工作任务一　连续工艺 HAZOP 分析目标的确定　　编号：3-1

考查内容：生产运行阶段存在的安全隐患；HAZOP 分析应用场景与目标的确定

姓名：	学号：	成绩：

1. 连续工艺存在的安全隐患

类型	存在的隐患	选项
设备设施	（1）重点反应釜未采用（　　）、（　　）、记录报警等。 （2）爆破片到期（　　）、泄漏、（　　）等。 （3）管道及管件选用视筒材质（　　）、（　　）性能不妥，视筒安装不当；生产（　　）改变后仍使用现有管线阀门未考虑材料（　　）。 （4）机泵类设备长期停用时，未放净泵和管道中液体，造成（　　）或（　　）。 （5）精烘包内需用离心机甩滤溶剂时，未装（　　）及（　　）	①双套温度 ②耐压 ③压力显示 ④测氧仪 ⑤耐温 ⑥未更换 ⑦冻结 ⑧工艺介质 ⑨报警装置 ⑩未建立台账 ⑪ 适应性 ⑫ 腐蚀 ⑬ 蒸汽 ⑭ 非防爆电器 ⑮ 物料管 ⑯ 短路 ⑰ 粉尘 ⑱ 控制柜 ⑲ 陈旧 ⑳ 腐蚀性物质 ㉑ 防护罩 ㉒ 睡岗 ㉓ 脱岗 ㉔ 不防爆器械 ㉕ 铁棒 ㉖ 离岗 ㉗氮气置换 ㉘防止急剧反应 ㉙自然 ㉚制止急剧反应 ㉛聚合 ㉜工艺操作规程 ㉝分解
电气仪表	（1）配电室内有（　　）、（　　）、（　　）、（　　），致使电柜内的电气设备老化，导致短路事故。 （2）防爆区内设置（　　）或（　　）非防爆；露天电动机无（　　）；配电柜过于（　　），易产生（　　）	
人员、现场操作	（1）使用汽油、甲苯等易燃易爆溶剂处，釜、槽未采用（　　）。 （2）在现场操作时，用（　　）捅管道、釜内堵塞的物料或使用（　　）产生火花。 （3）在生产过程中，存在操作人员（　　）、（　　）、（　　）等现象	
生产工艺	（1）在装置现场，原料或中间体在贮存中会发生（　　）或（　　）或（　　）危险。 （2）在生产过程中，没有（　　）和（　　）的措施，以至于事故的发生频率升高。 （3）在装置进行试生产前，未编写（　　）进行试生产	

2.生产运行阶段 HAZOP 分析周期

请填出下面的生产运行阶段 HAZOP 分析周期表格内所缺内容。（选项：①每 3 年；②每 5 年。）

项目	重点监管危险化工工艺	含有重点监管的危险化学品装置	构成重大危险源装置	其他一般装置
HAZOP 分析周期				

3.生产运行阶段 HAZOP 分析目标

根据生产运行阶段进行 HAZOP 分析目标内容，完成下列判断题。

（1）HAZOP 分析所强调的是识别潜在风险，同时找出更经济有效的保护措施。（　　）

（2）生产运行阶段 HAZOP 分析的关注重点是潜在风险的识别，其他方面因素可不作为重点考虑的方向。（　　）

（3）在装置的过程安全信息等资料与现场实际的符合性差别很大，我们可通过 HAZOP 分析后，对依据的资料进行补充完善。（　　）

（4）在评估装置时发现现有控制风险的安全措施不够，需要提出新的控制风险的建议措施，且建议措施要具有合理性。（　　）

（5）生产运行阶段进行 HAZOP 分析，可明确潜在危险的重点部位。（　　）

【任务反馈】

简要说明本次任务的收获、感悟或疑问等。

1 我的收获

2 我的感悟

3 我的疑问

任务二 间歇工艺 HAZOP 分析目标的确定

任务目标	1. 了解间歇工艺定义及特点
	2. 了解间歇工艺在 HAZOP 分析中的偏离设定
	3. 了解间歇工艺 HAZOP 分析的应用场合
任务描述	通过对本任务的学习，知晓间歇工艺 HAZOP 分析目标确定的重要性

【相关知识】

一、间歇工艺定义

在连续过程中，原料连续不断地通过一组专门设备，每台设备处于稳态操作并且只执行一个特定的加工任务，产品以连续流动的方式输出。在间歇过程中，原料按规定的加工顺序和操作条件进行加工，产品以有限量方式输出。习惯上称非连续化工过程为间歇化工过程。

二、间歇化工过程的特点

❶ 动态性。间歇过程具有很强的非线性特点，操作参数随时间而不断改变。操作人员或程控系统需要不断地改变间歇过程的操作，以保证得到合格产品。这对过程控制工程师提出了严峻的挑战。

❷ 多样性。间歇过程的多样性表现为：产品批量可能小到几千克，也可能大到几千吨；一个间歇过程每年生产的产品数量可从一个到几百个；一些加工设备的操作可能很可靠，也可能不可靠；产品的生产对人力或其他资源的需求可能具有决定作用，也可能忽略不计；对操作人员而言，加工要求及操作条件可能相差很大，熟悉一类产品的生产过程，并不一定能操作另一类产品的生产。

❸ 不确定性。在间歇过程中，一些在特殊设备中进行的反应，由于反应机理比较复杂，操作人员对其整个反应过程缺乏全面的了解。因此，间歇过程具有不确定性。某类设备的操作性能可能会随时间的增加而恶化。原料的质量及其他公用设施可能会在生产过程中发生不可预料的变化。这些不确定性增加了对间歇过程操作和控制的难度。

三、间歇过程中的 HAZOP 应用

与连续流程相比，间歇过程的物料状态和操作参数是动态的，对工艺控制的要求高，操作中开关量应用较多，有些参数的控制需要人工干预，更容易导致危险的发生。因此，采用 HAZOP 方法对间歇过程进行危险分析十分必要。

间歇生产是精细化工、生物制药和食品饮料生产行业中主要的生产方式，在连续生产中也存在间歇过程，比如干燥、催化剂再生等。间歇过程是指将有限量的物质，按规定的加工顺序，在一个或多个加工设备中加工，以获得有限量的产品的加工过程。间歇过程的特点

是：生产过程比较简单，投资费用低；生产过程中变换操作工艺条件、开车、停车一般比较容易；生产灵活性比较大，产品的投产比较容易。对于具有化学反应的间歇过程，由于有较多的反应物同时存在于反应器中，因而在其他条件相同的情况下与连续化工过程相比，具有较大的危险性。在间歇过程中，安全问题必须在整个过程中全面考虑，主要包括原料供应、生产加工、中间产品输送及最终产品存储等过程。间歇过程的危险性一般可以分为两类，即化学反应的危险性和人员操作的危险性。危险与可操作性（HAZOP）分析方法，既可用于危险性分析，也可以用于识别可操作性问题，因而非常适用于间歇过程，用 HAZOP 分析提高间歇过程的本质安全水平，可以说非常重要。

表 3-1 列举了间歇过程和连续过程的不同特点。由于间歇过程与连续过程具有不同的生产特点，因此在对间歇过程进行 HAZOP 分析时，不能完全按连续过程的 HAZOP 分析方式来进行，主要差别包括以下几方面：

❶ 连续过程所有的工艺设备都处于稳定的状态，通常不必考虑时间的因素（开、停车除外）；间歇过程具有很强的时间性，设备和仪表在不同时间点（执行不同的操作步骤时）所处的状态不同。

❷ 间歇过程中，在某一个步骤，只有部分设备和仪表处于工作状态，其他设备和仪表可能处于闲置的状态或处于另一个步骤的操作过程；即使是相同的设备，在不同步骤中，所处的状态也可能不同。

表 3-1　间歇过程和连续过程的不同点

项目	间歇过程	连续过程
生产操作	按配方规定的顺序进行	连续且同时进行
设备的设计和使用	柔性设计，可进行不同产品的生产	按给定一种产品设计，生产给定产品
产品量	批量生产，产品量低	连续输送产品
工艺条件	动态，随时间变化	稳态
人工干预	正常情况	主要用于处理不正常工况

总之，间歇过程的特点使得间歇过程比连续过程具有更大的危险性，全面、系统地对间歇过程进行风险分析十分必要，但由于间歇过程与连续过程不同的特点，因而在对间歇过程进行 HAZOP 时要有不同的考虑和侧重点。

间歇过程节点划分。为便于分析，需要将复杂的工艺系统分解成若干"子系统"，每个子系统称作一个"节点"。对于连续过程来说，节点为流程（P&ID 图）的一部分，多为工艺单元；对于间歇过程来说，HAZOP 节点则也可能为操作步骤（或称之为阶段）。间歇过程的节点划分是把整个过程划分成若干个阶段，每个阶段就是一个节点，在每个阶段内又有若干个步骤。例如一个间歇反应，分为进料、反应、冷却、外送、清洗 5 个阶段，其中进料阶段有 4 个步骤，那么，这个间歇反应就分成 5 个节点，"进料"这个节点则有 4 个步骤。

间歇过程偏离的选取。由于间歇过程本身的离散特性，时间在系统安全方面起了关键作用，间歇过程中需要分析的偏离的选取与连续过程中不一样，除了需要使用"无""过多""过少""伴随"等引导词外，"早""晚"这两个引导词则需要被运用在与时间紧密相关的操作步骤上；"先""后"这两个引导词则需要被运用在与顺序相关的操作步骤上。表 3-2

是一个适用于间歇过程的偏离矩阵，表中除了在连续过程的 HAZOP 分析中能见到的具体参数（如温度、压力、液位、流量等）和概念性参数（如搅拌、泄漏、仪表、布置位置等）外，多了另一项特别的要素"步骤"，在分析时，"步骤"又具体化为"步骤 1""步骤 2"……

表 3-2　间歇过程偏离矩阵示例

参数	引导词											
	无	过少	过多	伴随	部分	反向	异常	早	晚	先	后	导致
温度		●	●									
压力		●	●									
液位	●	●										
流量	●	●	●	●	●	●	●					
组成		●	●				●					
速度												
搅拌	●	●										
反应	●		●	●		●	●					
步骤	●				●			●	●	●	●	
泄漏												●
腐蚀												●
仪表												●
布置位置												●
启动停止												●
静电												●
噪声												●
振动												●

📖【任务实施】————————————————

通过任务学习，完成间歇工艺 HAZOP 分析目标的确定（工作任务单 3-2）。

要求：1. 按授课教师规定的人数，分成若干个小组（每组 5 ～ 7 人）。

2. 完成后，以小组为单位向全体分享。

3. 时间在 30min 内，成绩在 90 分以上。

考查内容：间歇工艺的特点；HAZOP 分析偏离设定			
姓名：	学号：	成绩：	

1. 间歇工艺存在的安全隐患

类型	存在的隐患	
		选项
间歇工艺特点	间歇生产是（　）、（　）和（　）生产行业中主要的生产方式，在连续生产中也存在（　），比如干燥、催化剂再生等。间歇过程的特点是生产过程（　），投资费用（　）；生产过程中变换操作工艺条件、开车、停车一般比较容易；生产灵活性（　），产品的投产（　）。对于具有化学反应的间歇过程，由于有较多的反应物同时存在于反应器中，因而在其他条件相同的情况下与（　）过程相比，具有较大的（　）	① 精细化工 ② 生物制药 ③ 间歇过程 ④ 食品饮料 ⑤ 比较简单 ⑥ 比较大 ⑦ 比较容易 ⑧ 连续工艺 ⑨ 危险性 ⑩ 低
间歇工艺 HAZOP 偏离设定	间歇工艺分析与连续工艺（　），但间歇工艺在分析中需要分析（　），在间歇工艺中需将操作步骤根据实际情况分解成若干步骤，若间歇工艺操作步骤较为（　），可将操作步骤单独划分为一个（　）进行分析，有关操作步骤的偏差有（　）、（　）、（　）、（　）、（　）、（　）等	⑪ 操作步骤 ⑫ 相似 ⑬ 节点 ⑭ 复杂 ⑮ 早／晚 ⑯ 先／后 ⑰ 部分 ⑱ 伴随 ⑲ 异常 ⑳ 无

2. 间歇工艺和连续工艺的区别

请填出下面的间歇工艺和连续工艺的不同点表格内所缺内容。

项目	间歇过程	连续过程	选项
生产操作		连续且同时进行	① 主要用于处理不正常状况
设备的设计和使用	柔性设计，可进行不同产品的生产		② 动态，随时间变化 ③ 按配方规定的顺序进行
产品量	批量生产，产品产量低		④ 按给定一种产品设计，生产给定产品
工艺条件		稳态	⑤ 连续输送产品
人工干预	是正常情况		

3. 间歇工艺 HAZOP 分析目标

根据间歇工艺进行 HAZOP 分析目标内容，完成下列判断题。

（1）间歇工艺和连续工艺进行 HAZOP 分析时不必考虑时间因素。（　　）

（2）间歇工艺在进行 HAZOP 分析时需要分析操作步骤，操作步骤中常用的偏差有步骤无、步骤部分、步骤异常、步骤早晚、步骤伴随等。（　　）

（3）间歇工艺分析操作步骤早／晚是指操作步骤的顺序颠倒。（　　）

（4）间歇工艺在分析主体设备进料管线流量伴随和操作步骤中的伴随意思是一样的。（　　）

（5）间歇工艺的 HAZOP 分析周期与连续工艺一样。（　　）

【任务反馈】

简要说明本次任务的收获、感悟或疑问等。

1 我的收获

2 我的感悟

3 我的疑问

【项目综合评价】

姓名		学号		班级	
组别		组长及成员			
项目成绩：			总成绩：		
任务	任务一			任务二	
成绩					
自我评价					
维度	自我评价内容				评分
知识	1. 了解连续工艺存在安全隐患的类型（5分）				
	2. 了解连续工艺 HAZOP 分析的应用场合（5分）				
	3. 了解连续工艺 HAZOP 分析目标的方向（5分）				
	4. 知晓连续工艺 HAZOP 分析目标确定的意义（10分）				
	5. 了解间歇工艺的定义（5分）				
	6. 了解间歇工艺与连续工艺的区别（10分）				
	7. 知晓间歇工艺 HZAOP 分析的应用（10分）				

维度	自我评价内容	评分
能力	1.能掌握连续生产装置和间歇生产装置 HAZOP 分析目标内的重点（10 分）	
	2.能明确其他连续生产装置和间歇生产装置 HAZOP 分析的目标（10 分）	
素质	1.通过了解连续生产过程、间歇生产过程的主要内容，增强对 HAZOP 分析目标识别的能力（10 分）	
	2.通过学习连续生产过程、间歇生产过程存在的安全隐患，增加对风险的认知能力（10 分）	
	3.通过学习连续生产过程、间歇生产过程 HAZOP 分析目标的确定，增强对潜在风险的识别能力（10 分）	
总分		
我的反思	我的收获	
	我遇到的问题	
	我最感兴趣的部分	
	其他	

项目四
界定 HAZOP 分析的范围

【学习目标】

知识目标	1. 熟悉 HAZOP 分析范围界定的基本内容; 2. 熟悉 HAZOP 分析范围界定的影响因素。
能力目标	1. 能够清晰描述 HAZOP 分析范围界定的内容及影响因素; 2. 能够熟练界定典型工艺项目的 HAZOP 分析范围。
素质目标	1. 通过学习 HAZOP 分析范围的基本内容,知晓界定 HAZOP 分析范围的重要性; 2. 通过学习界定典型工艺项目 HAZOP 分析的范围,培养工程思维和全局意识。

【项目导言】

　　界定 HAZOP 分析的范围,就是要界定对哪些工艺装置、单元和公用工程及辅助设施进行 HAZOP 分析。要明确需要 HAZOP 分析的管道仪表流程图(P&ID)和相关资料,并结合考虑多种因素来最终界定 HAZOP 分析的范围。

【项目实施】

任务安排列表

任务名称	总体要求	工作任务单	建议课时
HAZOP 分析范围的界定	通过该任务的学习,掌握界定 HAZOP 分析范围的基本方法	4-1	1

任务　HAZOP 分析范围的界定

任务目标	1. 理解 HAZOP 分析范围的基本内容 2. 理解界定 HAZOP 分析范围的影响因素 3. 会界定 HAZOP 分析范围
任务描述	通过典型工艺项目中 HAZOP 分析范围界定的案例分析，掌握界定 HAZOP 分析范围的基本方法，知晓界定 HAZOP 分析范围的重要性

【相关知识】

一、HAZOP 分析范围界定的含义

在开展 HAZOP 分析之前，先要明确 HAZOP 分析的范围，HAZOP 分析范围的界定包含两层含义：首先，要在宏观上明确需要对哪些工艺系统开展 HAZOP 分析，或只对部分工艺单元开展分析；其次，要明确分析工作不仅仅只是涵盖那些有安全后果的事故情景，而是也需要包括与生产相关的情景。

二、HAZOP 分析范围界定的基本内容

从 HAZOP 分析本身的含义，我们可以看出它包含两方面的内容，一是危害（安全）相关的分析，二是可操作性（生产）相关的分析。

1. HAZOP 分析范围界定的不同侧重点

不同的公司在界定 HAZOP 分析范围时，对安全和生产两者选择的侧重点会有所不同。

❶ 有些公司要求对安全和生产相关的所有事故情景都进行细致的分析。

❷ 有些公司先组织生产专家单独对生产相关的问题做评估（不属于 HAZOP 分析的范畴），此后，在 HAZOP 分析时只关心安全相关的问题，完全忽略影响生产的事故情景。

❸ 有些公司在开展 HAZOP 分析时，将工作重点放在安全方面，只是稍微关注生产相关的问题，仅仅对那些后果非常严重的生产问题予以讨论（例如，只关心那些会导致重大设备损坏或长期停产的事故情景）。

倘若只考虑安全相关的事故情景，可以明显缩短分析讨论会议的时间，而且专注于安全问题，可以将安全相关的影响分析得比较透彻。它的缺点是忽略了生产相关的情形，不够全面。反之，如果对影响安全和生产的所有事故情景都作详细的分析，所需的讨论会议时间会大幅增加，甚至翻倍。工作内容虽更加全面了，但工作效率比较低，还可能因为精力分散，减弱对重要安全问题的关注度。

2. 项目不同阶段对 HAZOP 分析范围的界定

通常，对于新建的工艺系统，HAZOP 分析不但应该包括安全相关的事故情景，而且至少应该包括对生产有严重影响的事故情景的分析。这种做法既可以在设计阶段解决安全隐

患，也可以消除设计中对生产有严重影响的缺陷，有利于工艺装置的顺利投产和持续生产运行。在设计阶段识别出问题并加以解决，也是最经济的做法。

对于在役工艺装置，主要的生产问题在之前的运行过程中通常都已经发现或获得了解决，在开展 HAZOP 分析时，可以把注意力放在安全相关的分析上，专注于挖掘出潜在的安全危害及可能因其导致的事故情景。

三、界定 HAZOP 分析范围的影响因素

界定 HAZOP 分析的范围时，要结合考虑多种因素，主要因素包括：

❶ 系统的物理边界及边界的工艺条件；

❷ 分析处于系统生命周期的哪个阶段；

❸ 可用的设计说明及其详细程度；

❹ 系统已开展过的任何工艺危险分析的范围，不论是 HAZOP 分析还是其他相关分析；

❺ 适用于该系统的法规要求或企业内部规定。

 【任务实施】

通过任务学习，完成 HAZOP 分析目标的界定（工作任务单 4-1）。

要求：1. 按授课教师规定的人数，分成若干个小组（每组 5 ~ 7 人）。

2. 完成后，以小组为单位向全体分享。

3. 时间在 30min 内，成绩在 90 分以上。

工作任务　　HAZOP 分析范围的界定　　　　编号：4-1		
考查内容：化工工艺装置 HAZOP 分析范围的界定		
姓名：	学号：	成绩：

1. 简述界定 HAZOP 分析范围的影响因素。

2. 根据本项目的学习，完成以下问题。

（1）HAZOP 分析范围需要考虑很多因素，其中不包括（　　）。

A. 系统的物理边界及边界的工艺条件　　　B. 系统处于生命周期的阶段

C. 可用的设计说明及其详细程度　　　　　D. 企业规模与产值

（2）下列关于 HAZOP 分析方法适用范围的说法中，正确的是（　　）。

A. 主要应用于连续的化工生产工艺

B. 不能用于间歇系统的安全分析

C. 可以在费用变动很大的情况下，对设计进行变动，在工艺操作的初期阶段使用 HAZOP 方法

D. 对于新建项目，当工艺设计要求很严格时，使用 HAZOP 方法最为有效，但对于在役项目，就不可以用 HAZOP 方法进行分析

（3）HAZOP 分析中，分析对象通常是（　　）。

A. 由分析组的组织者界定的　　　　　　　B. 由被评价单位指定的

C. 由装置或项目的负责人界定的　　　　　D. 由分析组共同界定的

【任务反馈】

简要说明本次任务的收获、感悟或疑问等。

1	我的收获

2	我的感悟

3	我的疑问

【项目综合评价】

姓名		学号		班级	
组别		组长及成员			

项目成绩：　　　　　　　　总成绩：

任务	HAZOP 分析范围的界定
成绩	

自我评价		
维度	自我评价内容	评分
知识	1.掌握 HAZOP 分析范围界定的基本内容（10 分）	
	2.理解 HAZOP 分析范围界定的不同侧重点（10 分）	
	3.掌握不同阶段 HAZOP 分析范围界定的区别（10 分）	
	4.理解 HAZOP 分析范围界定的注意事项（10 分）	
能力	1.能够清晰描述 HAZOP 分析范围界定的影响因素（20 分）	
	2.能够界定典型工艺装置 HAZOP 分析范围（20 分）	

维度	自我评价内容	评分
素质	1. 通过学习 HAZOP 分析范围的基本内容，知晓界定 HAZOP 分析范围的重要性（10 分）	
	2. 通过学习界定典型工艺项目 HAZOP 分析的范围，培养工程思维和全局意识（10 分）	
总分		
我的反思	我的收获	
	我遇到的问题	
	我最感兴趣的部分	
	其他	

项目五
选择 HAZOP 分析团队

【学习目标】

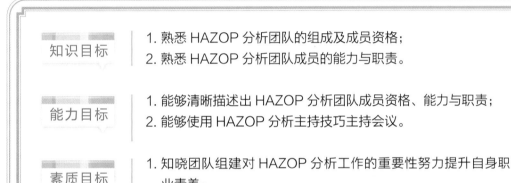

知识目标	1. 熟悉 HAZOP 分析团队的组成及成员资格； 2. 熟悉 HAZOP 分析团队成员的能力与职责。
能力目标	1. 能够清晰描述出 HAZOP 分析团队成员资格、能力与职责； 2. 能够使用 HAZOP 分析主持技巧主持会议。
素质目标	1. 知晓团队组建对 HAZOP 分析工作的重要性努力提升自身职业素养； 2. 培养团队协作与责任担当意识。

【项目导言】

本质安全是指通过设计等手段使生产设备或生产系统本身具有安全性，即使在误操作或发生故障的情况下也不会造成事故的功能。HAZOP 分析的目的就是对工艺装置的本质安全性进行检查，查找工艺装置的危险源，分析安全措施的有效性。高质量的 HAZOP 分析能够为工艺装置的安全稳定运行提供有力保障。

HAZOP 分析工作是一项团队工作，HAZOP 分析过程中更多的是需要分析人员具备深厚的风险管理功底，而不是 HAZOP 方法的简单应用，因此，HAZOP 分析对 HAZOP 分析团队的每个成员的专业、能力和经验都有相当高的要求。

由于 HAZOP 分析对人的经验的依赖性非常强，从而造成各个企业分析报告质量参差不齐。对于效益好的企业，可以通过聘请咨询公司的资深专家对工艺系统开展 HAZOP 分析。但是更多的企业选择了派遣自己的员工参加培训班的形式来学习 HAZOP 分析。近几年来，国家有关主管部门陆续出台了相关文件，对 HAZOP 分析的推广应用提出了明确要求和指导性意见。尤其是原国家安监总局，组织开展了一系列工作，极大地促进了 HAZOP 技术在我国的推广应用。

任务安排列表

任务名称	总体要求	工作任务单	建议课时
任务一 HAZOP 分析团队的组成 及成员资格的确定	通过该任务的学习，清楚 HAZOP 分析团队的组成及成员资格	5-1	1
任务二 HAZOP 分析团队成员 能力与职责的确定	通过该任务的学习，明确 HAZOP 分析团队成员的能力与职责	5-2	1

任务一　HAZOP 分析团队的组成及成员资格的确定

任务目标	1. 了解 HAZOP 分析团队的组建模式 2. 了解 HAZOP 分析团队的成员组成 3. 了解 HAZOP 分析团队成员的资格条件
任务描述	通过本任务的学习，知晓团队组建对 HAZOP 分析工作的重要性，为后续组建团队奠定基础

【相关知识】

一、HAZOP 分析团队的组建模式

HAZOP 分析工作是现代企业项目管理的一个非常重要的环节。组建 HAZOP 分析团队是一项重要的项目策划工作，这必须在项目的早期阶段明确。HAZOP 分析的开展模式有以下两种。

（1）第三方主导模式　业主发起 HAZOP 分析工作，但该项工作的实施由业主委托第三方完成。由第三方负责代表业主组织和完成 HAZOP 分析工作，设计方或项目执行方配合 HAZOP 分析工作。在这种情况下，HAZOP 分析主席和记录员一般来自第三方。这种组织模式的优点是 HAZOP 分析工作具有一定的独立性；缺点是第三方往往对业主的管理模式、操作规程和实践经验不熟悉。这里的"业主"是相对的概念。有时业主会委托另外一方代替业主进行项目管理，那么代替业主进行项目管理的一方也可以称为"业主"。

（2）自主完成模式　一些有实力的国际石油化工公司有时选择自己完成 HAZOP 分析工作。这些公司往往在过程安全管理方面，特别是 HAZOP 分析方面有长期积累的经验和长期培养的人力资源。在这种情况下，HAZOP 分析团队的核心人物如 HAZOP 分析主席、操作

专家往往从集团的某个现有工厂或某个部门抽调过来。这些人长期在该集团公司工作，通常具有相当的经验和知识。这种组建模式的优点是集团内部的经验能够共享，有利于不断增强 HAZOP 分析核心人员的能力。这种模式也能节省时间。

无论哪种模式，HAZOP 分析工作的第一责任人都应该是业主，发起人也应该是业主。这项工作要么自己组织，要么通过正式的合同要求第三方完成。同时，HAZOP 分析团队应该具有一定的独立性，这种独立性能够使 HAZOP 分析更严格、更客观。

二、HAZOP 分析团队的成员组成

HAZOP 分析团队主要包括业主、设计方和承包商等方面的人员。HAZOP 分析团队一般具体包括以下成员：

❶ HAZOP 分析主席；
❷ 记录员（通常兼秘书职责）；
❸ 工艺工程师；
❹ 过程控制 / 仪表工程师；
❺ 操作专家 / 代表；
❻ 安全工程师；
❼ 设计工程师；
❽ 机械设备工程师；
❾ 专利商或供货商代表（需要时）；
❿ 其他专业人员。

HAZOP 分析需要团队成员的共同努力，每个成员均有明确的分工，要求团队成员具有 HAZOP 分析所需要的相关技术、操作技能以及经验。HAZOP 分析团队应尽可能小。通常一个分析团队至少 4 人，很少超过 8 人。团队越大，进度越慢。

三、HAZOP 分析团队成员的资格条件

1. HAZOP 分析团队主席的资格条件

HAZOP 分析主席是 HAZOP 分析团队的组织者、协调者、指导者和总结者，必须具有相当的经验、知识、管理能力和领导能力。一般要求 HAZOP 分析主席具有以下资格条件：

❶ 本领域从事工艺、设备、安全专业的技术人员；
❷ 硕士研究生及以上学历，具有 5 年及以上工作经历；本科学历，具有 10 年及以上工作经历；
❸ 对于企业专业技术人员，作为主席主持 HAZOP 分析不少于 1 项或参与 HAZOP 分析项目不少于 2 项；对于技术机构专业技术人员，具有 2 年以上 HAZOP 分析工作经历，作为主席主持 HAZOP 分析项目不少于 3 项或参与 HAZOP 分析项目不少于 6 项；
❹ 必须参加公司 HAZOP 分析组长培训，并考试合格且取得公司认可的 HAZOP 组长证书。

2. 参加 HAZOP 分析的各专业人员资格条件

参加 HAZOP 分析的各专业人员应具备以下基本条件：

❶ 技术和管理人员应具有至少 5 年石化领域工艺、设备、安全、仪表、电气等专业的

工作经历；

❷ 记录员应具备与 HAZOP 分析项目相适应的专业背景，了解 HAZOP 分析方法，参与过 HAZOP 分析项目；

❸ 操作代表应具有至少 5 年现场操作经验，宜为班长或技师；

❹ 参与 HAZOP 分析的设计人员应至少具有 5 年石化相关专业设计工作经历。

【任务实施】

通过任务学习，完成 HAZOP 分析团队组成及成员资格的确定（工作任务单 5-1）。

要求：1. 按授课教师规定的人数，分成若干个小组（每组 5 ~ 7 人）。

2. 完成后，以小组为单位向全体分享。

3. 时间在 30min 内，成绩在 90 分以上。

工作任务一　HAZOP 分析团队的组成及成员资格的确定		编号：5-1
考查内容：HAZOP 分析团队组建模式、成员组成及资格条件		

姓名：	学号：	成绩：

| 1. HAZOP 分析团队组建模式
　　HAZOP 分析团队的组建主要有两种模式：
　　第一种：业主发起 HAZOP 分析工作，但该项工作的实施由业主委托第三方完成。由（　　）负责代表（　　）组织和完成 HAZOP 分析工作，设计方或项目执行方配合 HAZOP 分析工作。这种组织模式称为（　　）。在这种情况下（　　）和记录员一般来自第三方。这种组织模式的优点是 HAZOP 分析工作具有一定的（　　）。缺点是第三方往往对业主的管理模式、操作规程和实践经验不熟悉。
　　第二种：一些有实力的国际石油化工公司在过程安全管理方面，特别是（　　）方面有长期积累的经验和长期培养的（　　）。在这种情况下，HAZOP 分析团队的核心人物如 HAZOP 分析主席、操作专家往往从集团的某个现有工厂或某个部门抽调过来。这些人长期在该集团公司工作，通常具有相当的经验和知识。这种组织模式称为（　　）。这种组建模式的优点是集团内部的经验能够（　　），有利于不断增强 HAZOP 分析核心人员的能力。由于不需要从企业外部聘请 HAZOP 团队成员，因此这种模式也能（　　）。 | 选项

①第三方主导模式
②自主完成模式
③第三方
④ HAZOP 分析主席
⑤人力资源
⑥业主
⑦独立性
⑧共享
⑨ HAZOP 分析
⑩节省时间 |
| 2. HAZOP 分析团队的成员组成及资格条件
　　HAZOP 分析团队主要包括业主、设计方和承包商等方面的人员。HAZOP 分析团队一般具体包括以下成员：
　　（1）HAZOP 分析主席，必须参加公司 HAZOP 分析组长培训，并考试合格取得公司认可的（　　）；
　　（2）（　　）（通常兼秘书职责），应具备与 HAZOP 分析项目相适应的专业背景，了解（　　），参与过 HAZOP 分析项目；
　　（3）工艺工程师，应具有至少（　　）年石化领域工艺、设备、安全、仪表、电气等专业的工作经历；
　　（4）过程控制/仪表工程师，应具有至少 5 年石化领域仪表、电气等专业的工作经历； | 选项

①业主
②安全工程师
③记录员
④操作专家/代表
⑤大
⑥小
⑦ HAZOP 分析方法
⑧ HAZOP 组长证书
⑨石化 |

（5）（　　），应具有至少5年现场操作经验，宜为班长或技师； （6）（　　），应具有至少5年石化领域安全专业的工作经历； （7）设计工程师，应至少具有5年（　　）相关专业设计工作经历； （8）（　　）工程师，应具有至少5年石化领域设备专业的工作经历； （9）专利商或供货商代表（需要时）； （10）其他专业人员。	⑩机械设备 ⑪5 ⑫4 ⑬7 ⑭8
HAZOP分析团队每个成员均有明确的分工。要求团队成员具有HAZOP分析所需要的相关技术、操作技能以及经验。HAZOP分析团队应尽可能（　　）。通常一个分析团队至少（　　）人，很少超过（　　）人。团队越大，进度越慢。	

【任务反馈】

简要说明本次任务的收获、感悟或疑问等。

1 我的收获

2 我的感悟

3 我的疑问

任务二 HAZOP 分析团队成员能力与职责的确定

任务目标	1. 了解 HAZOP 分析成员的必备能力 2. 掌握各成员在 HAZOP 分析会议中的基本职责 3. 掌握主持 HAZOP 分析会议的基本技巧
任务描述	通过本任务的学习，能够明确团队成员的分工与职责，同时树立团队协作与责任担当意识

一、HAZOP 分析团队成员的能力与职责

1. HAZOP 分析主席

一个已经有计划的 HAZOP 分析能否按时完成，分析过程能否顺利进行，HAZOP 分析的质量能否得以保证，往往取决于 HAZOP 分析主席的能力和经验。HAZOP 分析主席是 HAZOP 分析团队的组织者、协调者、指导者和总结者。因此 HAZOP 分析工作要求 HAZOP 分析主席必须具有相当的专业知识、安全评价经验、管理能力和领导能力。

（1）对 HAZOP 分析主席的基本要求　熟悉工艺；有能力领导一支正式安全审查方面的专家队伍；熟悉 HAZOP 分析方法；有被证实的在石化企业进行 HAZOP 分析的记录，最好具有注册安全工程师专业资格或相当资格；有大型石化项目设计安全方面的经验。对于现役装置的 HAZOP 分析，可能要求 HAZOP 分析主席有装置运行和操作方面的经验。

（2）HAZOP 分析主席的主要职责　　HAZOP 主席应具有丰富的过程危险分析经验，在分析过程中起主导作用。HAZOP 主席在分析过程中应客观公正，引导分析小组的每位成员积极参与讨论，确保对工艺装置的每个部分、每个方面都进行分析与讨论。一般来说，HAZOP 主席的主要职责包括但不限于：

❶ 确认输入文件是否准确与齐备；

❷ 确定工作范围、划分节点、确定风险矩阵，并与分析小组成员达成一致；

❸ 编制 HAZOP 工作计划，组织主持 HAZOP 会议，激发小组成员展开讨论，控制讨论内容、局面和进程，保证会议顺利召开；

❹ 总结讨论中心议题，概括分析结果，确保工作组就分析结果达成一致意见，当团队成员之间就某个问题存在严重分歧而无法达成一致意见时，HAZOP 分析主席应决定进一步的处理措施，如咨询专业人员或建议进行进一步的研究等；

❺ 指导记录员对分析过程进行详细且准确的记录，特别是对建议和措施的记录；

❻ 将 HAZOP 分析结果向业主汇报，并审核由 HAZOP 秘书编制的 HAZOP 报告。

2. 记录员

记录员的重要任务是对 HAZOP 分析过程进行清晰和正确的记录，包括识别的危险和可操作性问题，以及建议的措施。因此建议由设计方、厂方或第三方的一名工艺工程师担任 HAZOP 分析记录员。HAZOP 分析记录员应该熟悉常用的工程术语，熟练掌握计算机辅助 HAZOP 分析软件，并且具有快捷的计算机文字输入能力。在进行 HAZOP 分析的过程中，记录员在主席的指导下进行记录。

3. 工艺工程师

工艺工程师来自于设计方、厂方或第三方。对于设计方，工艺工程师一般应是被分析装置的工艺专业负责人。有时候业主也会派出工艺工程师参加会议，他们一般来自相同装置或是在建装置。对于在役装置的 HAZOP 分析，业主方参加 HAZOP 分析的工艺

工程师应是熟悉装置改造、操作和维护的人员。在 HAZOP 分析过程中，工艺工程师的主要职责有：

❶ 负责介绍工艺流程，解释工艺设计目的，参与讨论；
❷ 落实 HAZOP 分析提出的与本专业有关的意见和建议。

4. 安全工程师

安全工程师主要是协助项目经理 / 设计经理计划和组织 HAZOP 分析活动；协调和管理 HAZOP 分析报告所提意见和建议整改措施的落实等。

5. 设备工程师

设备工程师主要负责设备的保养与维护，对于设备的异常工况具有丰富的处理经验，能帮助团队理解设备参数和设备损失等内容。

6. 操作专家

操作专家一般由业主方派出；熟悉相关的生产装置，具有班组长及以上资历，有丰富的操作经验和分析表达能力；清楚如何发现工艺波动和异常情况处理。主要职责是：

❶ 提供相关装置安全操作的要求、经验及相关生产操作信息，参与制订改进方案；
❷ 落实并完成 HAZOP 分析提出的有关安全操作的要求。

7. 工艺控制 / 仪表工程师

工艺控制 / 仪表工程师要求熟悉装置的控制系统与停车策略，一般来自设计方，有时候业主也会派出工艺控制 / 仪表工程师。其主要职责有：

❶ 负责提供工艺控制和安全仪表系统等方面的信息；
❷ 帮助 HAZOP 分析团队成员理解对工艺偏离的响应；
❸ 落实 HAZOP 分析提出的与本专业有关的意见和建议。

8. 专利商或供货商代表（需要时）

专利商代表一般由业主负责邀请。专利商代表负责对专利技术提供解释并提供有关安全信息，参与制订改进方案。供货商代表主要指大型成套设备的厂商代表。在进行详细工程设计阶段的 HAZOP 分析时，需要邀请供货商参加成套设备的 HAZOP 分析会。

9. 其他专业人员

❶ 按需参加 HAZOP 分析活动，负责提供有关信息；
❷ 落实 HAZOP 分析报告中与本专业有关的意见和建议。

二、HAZOP 分析会议的主持技巧

分析讨论会是 HAZOP 分析的主要工作方式，它可能持续数天或数月，持续时间的长短取决于工艺系统的规模和复杂性等因素。HAZOP 主席负责推进讨论会的各项工作。如何让讨论会卓有成效是每个 HAZOP 主席需要思考和努力解决的问题。采取下列策略有助于提高分析讨论会的质量和效率。

1. 鼓励小组成员积极提问

在 HAZOP 分析讨论过程中，分析小组要坚持这样的原则：在 HAZOP 分析讨论会

议上，所有提出的问题都是有价值的，没有任何一个是多余的，更不会有愚蠢的问题。HAZOP 主席应该捍卫这一原则，鼓励小组成员提出任何他们想要提的问题，并用实际行动予以鼓励。

会议中，要杜绝个别小组成员阻止其他成员提问题的情形。当然，鼓励大家提出问题和建议，并不意味着必须采纳所提出的意见。

2. 鼓励小组成员积极参与讨论

HAZOP 分析的重要特征是"头脑风暴"式的小组讨论。HAZOP 主席要调动小组成员的积极性，让他们积极参与讨论，提出自己的意见。讨论过程中要避免"一言堂"，防止出现只有一个人总在讲话，或只有两个人在讨论，其他人作壁上观的情形。

HAZOP 主席可以通过提问来激发大家参与的热情。例如，讨论没有流量的情形时，HAZOP 主席可以问小组成员，有哪些原因会导致管道内没有流量，只要有一个成员作出回应，其他成员就会跟进并参与讨论，这样可以消除大家的紧张感，营造一个大家积极参与的氛围。

3. 只开一个会议

在分析讨论期间，个别人可能私下讨论其他问题，或就当前话题在私下另行讨论，这样会造成小组成员精力不集中，私下讨论还会影响会议的正常讨论，因此，HAZOP 主席要控制讨论的节奏，确保同一时间只有一处讨论、只开一个会议，避免出现"会中会"。如果出现私下讨论，HAZOP 主席可以通过敲击桌子等方式，提醒大家中止所有的讨论，然后再回到会议正常的讨论轨道上。

4. 合理的进度控制

分析讨论的进度控制不当，可能出现两种极端情况。一种情况是把大量需要讨论的东西压缩在很短的时间内，讨论过程匆匆忙忙、走马观花，这么做很容易漏掉关键的内容，严重影响 HAZOP 分析的工作质量。另一种情况，是在讨论过程中频繁出现跑题的情形，讨论那些超出 HAZOP 分析范畴的事情。例如，讨论过程延伸到如何提高反应收率、如何招聘到合格的操作人员等。这样做会浪费大家的时间，并且大量占用后续工艺单元的讨论时间，为了按期完成分析任务，后续工艺单元的讨论就会敷衍了事，甚至因此埋下事故隐患。因此，HAZOP 主席要控制好分析讨论会的进度。

在讨论期间，应围绕当前的话题展开讨论，避免跑题。如果临时出现跑题的情况，HAZOP 主席要及时把讨论拉回到正确的轨道。反之，也要避免"赶时间"的情形，HAZOP 主席应该对分析讨论的重点心中有数，为一些关键问题的讨论预留充足的时间。HAZOP 分析原本就应该是一个不紧不慢的讨论过程。为了确保按期、有序完成分析工作，HAZOP 主席可以与小组成员一起，制订一个简单的工作计划表，按照日程安排列明每天计划完成哪些工艺单元，对于危害较大的工艺单元要预留充足的时间。可以将这张计划表张贴在会议室的墙上，在讨论期间，每完成一个工艺单元的分析，就标注在这张表上。通过这张表，就可以控制好 HAZOP 分析的进度。每天能够完成的工艺单元的分析讨论与工艺单元本身的危害大小密切相关。例如，对于一些危害较大的复杂反应，尽管只有一张 P&ID 图，但需要一整天或更长的时间才能完成分析任务；对于一些危害较小的连续流程，

1 ~ 2h 就可以完成一张内容中等密度的 P&ID 图纸的分析。对于连续工艺流程，每天可以分析讨论 2 ~ 6 张内容中等密度的 P&ID 图纸；对于流程，每天可以分析讨论 1 ~ 3 张 P&ID 图纸。

5. 合理的工作时间

HAZOP 分析讨论是一种高强度的脑力激荡，如果分析讨论会持续时间过长，小组成员精力会分散，注意力很难一直保持集中，会影响工作质量和效率。在一般情况下，每天分析讨论 6 ~ 7h，基本上可以保持分析小组的活力。有些企业规定，每天 HAZOP 分析讨论会最多不允许超过 6h。在 HAZOP 会议期间，通常每工作 60 ~ 90min，HAZOP 主席应该安排大家休息 10 ~ 15min。

如果在一天中，已经进行了 8h 的分析讨论，还继续加班，就非常不可取。一方面小组成员已经很疲惫，加班讨论的工作质量和效率会大打折扣；另一方面，还会严重影响第二天的分析讨论。

6. 及时备份

最可靠的备份方法是在每天分析讨论会结束时，打印出一份书面的草稿。也可以将会议记录备份在移动存储设备里，如 U 盘或移动硬盘等。还可以通过邮件方式将分析的记录发到自己的邮箱里，备份在服务器或网络上。

7. 总结会

在 HAZOP 分析讨论会结束时，分析小组会进行总结，召开一个简单的总结会。总结会通常由 HAZOP 主席主持，时间较短，一般是非正式的。总结会期间，分析小组通常回顾此前讨论中提出的建议项，根据需要对个别事故情景加以修正。总结会上，分析小组还可以对本次 HAZOP 分析工作的过程进行简单的回顾，总结出做得好的环节和可以改进的方面（此部分不需要做相关记录），为小组成员今后开展 HAZOP 分析提供借鉴。此外，也可以讨论需要由分析小组完成的后续工作的安排，例如，确定何时提交分析报告，对分析报告的一些具体要求等。

可以邀请项目负责人（如项目经理）或工厂管理层代表（如厂长、装置经理、技术经理、工程经理、维修经理和安全经理等）参加总结会，让他们了解 HAZOP 分析的初步结果，帮助他们了解工艺系统中存在的高风险点，特别是针对高风险事故情景的一些建议项。上述沟通有助于项目负责人或工厂管理层了解所提出建议项的重要性，及时编制行动计划和跟踪落实提出的建议项，确保工艺系统在可以接受的风险水平下运行。

三、HAZOP 分析会议的基本流程

HAZOP 分析会议的基本流程见图 5-1。

HAZOP 分析会议包括划分节点、偏离确认、分析事故后果、查找事故原因及剧情保护措施、分析剩余风险、讨论建议措施等。在会议进行过程中，HAZOP 分析团队全体成员，应根据自己的专业特长对分析做出相应的贡献，配合 HAZOP 分析主席掌握会议的节奏和气氛，避免出现"开小会"或者"一言堂"的局面，共同协作形成一份能够得到各方认可的、高质量的 HAZOP 分析报告。

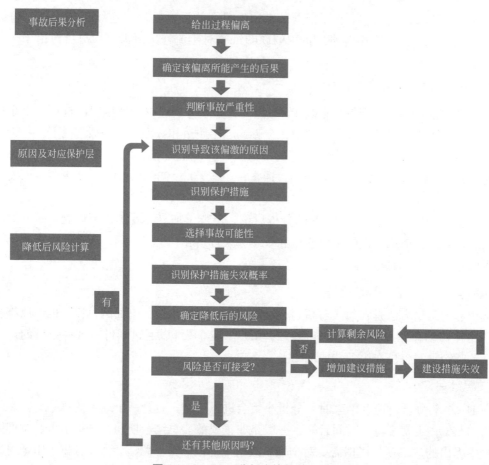

图 5-1　HAZOP 分析会议的基本流程

【任务实施】

通过任务学习，完成 HAZOP 分析团队成员能力与职责的确定（工作任务单 5-2）。

要求：1. 按授课教师规定的人数，分成若干个小组（每组 5 ～ 7 人）。

2. 完成后，以小组为单位进行 HAZOP 分析会议情景模拟。

3. 时间在 40min 内，成绩在 90 分以上。

工作任务二　HAZOP 分析团队成员能力与职责的确定		编号：5-2
考查内容：HAZOP 分析团队成员能力与职责；HAZOP 分析会议基本流程		
姓名：	学号：	成绩：
1. HAZOP 分析团队成员能力与职责 　　HAZOP 分析主席必须具有相当的专业知识、（　）、管理能力和（　）。熟悉工艺装置，有能力领导一支正式安全审查方面的专家队伍。在 HAZOP 分析会议进行过程中，HAZOP 分析主席负责主持会议和（　），要指导记录员对分析过程进行详细且准确的记录，特别是对（　）的记录。		选项 ①领导能力 ②安全评价经验 ③ HAZOP 分析软件

记录员熟练掌握计算机辅助（　　），并且具有快捷的计算机（　　）能力。记录员的重要任务是对 HAZOP 分析过程进行清晰和正确的（　　），包括（　　）和可操作性问题以及建议的措施。

设备工程师主要负责设备的（　　），对于设备的（　　）具有丰富的处理经验，能帮助团队理解设备参数和（　　）等内容。

安全工程师主要是协助负责检查（　　），及时排查（　　）。协助项目经理 / 设计经理计划和组织 HAZOP 分析活动，协调和管理（　　）所提意见和建议整改措施的（　　）等。

工艺控制 / 仪表工程师要求熟悉装置的（　　），其主要职责有：负责提供（　　）等方面的信息；帮助 HAZOP 分析团队成员理解对（　　）的响应；落实 HAZOP 分析提出的与本专业相关的意见和建议。

HAZOP 分析的工艺工程师应是熟悉（　　）、操作和维护的人员。在 HAZOP 分析过程中，工艺工程师的主要职责有：负责介绍（　　），解释（　　），参与讨论；落实 HAZOP 分析提出的与本专业相关的意见和建议。

操作专家熟悉相关的生产装置，具有（　　）及以上资历，有丰富的操作经验和分析表达能力；清楚如何发现（　　）。主要职责是：提供相关（　　）、经验及相关生产操作信息，参与制订改进方案；落实并完成 HAZOP 分析提出的有关（　　）

④建议和措施
⑤引导分析
⑥识别的危险源
⑦记录
⑧文字输入
⑨工艺流程
⑩装置改造
⑪安全生产状况
⑫工艺设计目的
⑬安全事故隐患
⑭落实
⑮保养与维护
⑯HAZOP 分析报告
⑰设备损失
⑱异常工况
⑲工艺波动和异常情况处理
⑳装置安全操作的要求
㉑安全操作的要求
㉒班组长
㉓控制系统与停车策略
㉔工艺偏离
㉕工艺控制和安全仪表系统

2. 根据 HAZOP 分析的基本流程，补全下列流程图中的内容。

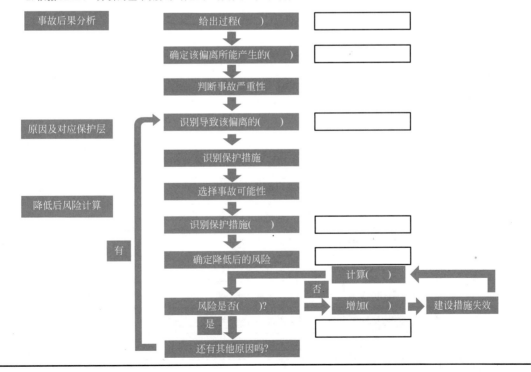

简要说明本次任务的收获、感悟或疑问等。

1	我的收获

2	我的感悟

3	我的疑问

【项目综合评价】

姓名		学号		班级	
组别		组长及成员			

项目成绩：　　　　　　　　　　　　总成绩：

任务	任务一	任务二
成绩		

自我评价		
维度	自我评价内容	评分
知识	1. 了解 HAZOP 分析团队的组建模式（5分）	
	2. 了解 HAZOP 分析团队的成员组成（5分）	
	3. 了解 HAZOP 分析团队成员的资格条件（5分）	
	4. 知晓团队组建对 HAZOP 分析工作的重要性（5分）	
	5. 掌握 HAZOP 分析成员的必备能力（5分）	
	6. 掌握各成员在 HAZOP 分析会议中的基本职责（5分）	

维度	自我评价内容	评分
知识	7. 掌握主持 HAZOP 分析会议的技巧（5分）	
	8. 了解 HAZOP 分析会议的基本流程（5分）	
能力	1. 能明确 HAZOP 分析团队的组建模式及优缺点（10分）	
	2. 能明确 HAZOP 分析团队成员所需资格条件和能力（10分）	
	3. 能掌握 HAZOP 分析团队成员在会议中的具体分工（10分）	
	4. 能描述 HAZOP 分析会议的基本流程（10分）	
	5. 能够主持 HAZOP 分析会议（5分）	
素质	1. 增强对提升自身职业素养重要性的认识（5分）	
	2. 具备团队协作与责任担当意识（5分）	
总分		
我的反思	我的收获	
	我遇到的问题	
	我最感兴趣的部分	
	其他	

项目六
HAZOP 分析准备

 【学习目标】

知识目标	1. 熟悉制订 HAZOP 分析计划的要点及注意事项； 2. 熟悉 HAZOP 分析所需技术资料的内容； 3. 熟悉收集 HAZOP 分析所需技术资料的注意事项。
能力目标	1. 能够合理制订 HAZOP 分析计划； 2. 能够清晰描述 HAZOP 分析所需技术资料的内容； 3. 能够对收集的 HAZOP 分析技术资料进行审查。
素质目标	1. 通过学习制订 HAZOP 分析计划的要点，知晓制订 HAZOP 分析计划的重要性； 2. 通过学习 HAZOP 分析所需技术资料的内容，知晓完备的技术资料对于 HAZOP 分析的重要性； 3. 通过学习收集 HAZOP 分析技术资料的注意事项，知晓技术资料准确可靠的重要性。

【项目导言】

在进行 HAZOP 分析前，由 HAZOP 分析主席负责制订 HAZOP 分析计划，具体应包括：分析目标和范围；分析成员的名单；详细的技术资料；参考资料的清单；管理安排；HAZOP 分析会议地点；要求的记录形式；分析中可能使用的模板等。还应为 HAZOP 分析会议准备合适的房间设施、可视设备及记录工具，以便会议有效地进行。

在第一次会议前，宜对分析对象开展现场调查（适用于生产运行阶段的 HAZOP 分析），HAZOP 分析主席应将包含分析计划及必要参考资料的简要信息包分发给分析团队成员，便于他们提前熟悉内容。HAZOP 分析主席可以安排人员对相关数据库进行查询，收集相同或相似的曾经出现过的事故案例。

HAZOP 分析是一种有组织的团队活动，要求遍历工艺过程的所有关键"节点"，用尽所有可行的引导词，而且必须由团队通过会议的形式进行，是一种耗时的任务。因此，在进行 HAZOP 分析准备时，其中一项重要事情就是确定 HAZOP 分析会议的进度安排，即 HAZOP 分析会议的起始时间和工作日程安排。此外，在 HAZOP 分析会议前，对 HAZOP 分析团队的人员应进行培训，使 HAZOP 分析团队所有成员具备开展 HAZOP 分析的基本知识，以便高效地参与 HAZOP 分析。

HAZOP 分析开始前，业主单位要准备好分析过程中所需的技术资料，即过程安全管理的一个要素——工艺安全信息。如果所需资料不完整、不与所分析的装置实际情况相符，那么就不要急于开始 HAZOP 分析，而是要设法补充完整和更新所需要的工艺安全信息，否则即使开展了 HAZOP 分析，所得的分析结果将不可信。一个避免上述问题最好的办法就是企业要建立、健全过程安全管理体系，在制度上保证工艺安全信息的完整性和更新的及时性。如果企业的技术资料准确齐全，对于一个比较简单的化工过程，HAZOP 分析前的准备时间需要 1 ～ 2 天；对于一个比较复杂的化工过程，HAZOP 分析前的准备时间需要一个星期左右。

 【项目实施】

任务安排列表

任务名称	总体要求	工作任务单	建议课时
任务一 制订 HAZOP 分析计划	通过该任务的学习，掌握制订 HAZOP 分析计划的要点及注意事项	6-1	1
任务二 收集 HAZOP 分析需要的技术资料	通过该任务的学习，掌握 HAZOP 分析需要的技术资料的内容及收集注意事项	6-2	1

任务一 制订 HAZOP 分析计划

任务目标	1. 掌握制订 HAZOP 分析计划的要点 2. 掌握 HAZOP 分析的注意事项
任务描述	通过本任务的学习，知晓制订 HAZOP 分析计划的重要性

【相关知识】

一、制订 HAZOP 分析计划的要点

对于一个项目而言，进行 HAZOP 分析前要制订一个作业程序，一般按照如图 6-1 所示

HAZOP 分析步骤开展。在进行 HAZOP 分析时按作业程序开展工作，这样的一个程序通常由业主制订或由业主认可。下面主要讨论 HAZOP 分析作业程序内容，也就是 HAZOP 分析计划的要点。

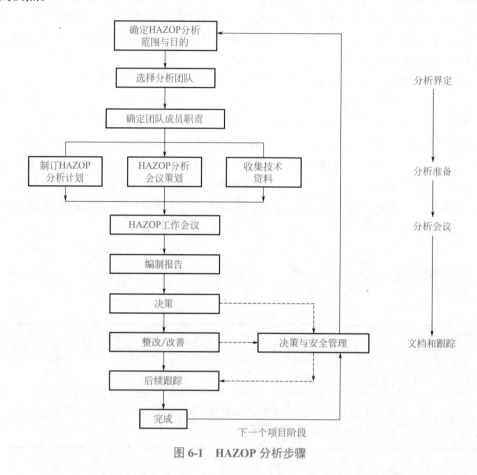

图 6-1　HAZOP 分析步骤

1. 明确 HAZOP 分析的组织者

作业程序要明确项目经理是 HAZOP 分析工作的第一责任人。在实际工作中，项目经理关注此事，体现了项目管理层对此项工作的重视。HAZOP 分析的具体协调与安排等工作，一般由安全工程师、HSE 经理、HSE 工程师、项目工程师等人负责。

2. 明确 HAZOP 分析的研究范围

在 HAZOP 分析程序里要确定对哪些工艺装置、单元和公用工程及辅助设施进行 HAZOP 分析。在作业程序里要明确 HAZOP 分析的主要对象是工艺管道及仪表流程图（P&ID）和相关资料。

3. 确定 HAZOP 分析组成员及职责分工

前面已经详细介绍过 HAZOP 分析团队成员的资格、能力与职责。一般来说，HAZOP 分析至少需要以下人员参加：

❶ HAZOP 分析主席：要具有相对的对立性（第二方、第三方）；

❷ HAZOP 分析记录员：最好是工艺人员；

❸ 操作专家；

❹ 安全工程师；

❺ 设备工程师；

❻ 电气工程师；

❼ 设备工程师；

❽ 仪表工程师；

❾ 工艺工程师；

❿ 专利商技术人员（针对新项目）；

⓫ 成套设备制造商（当进行成套设备 HAZOP 分析时）；

⓬ 设计院技术人员（针对新项目）。

4. 确定 HAZOP 分析时间进度计划

HAZOP 分析的组织者要根据装置的规模、P&ID 的数量和难易程度估算 HAZOP 分析的时间。HAZOP 分析的时间长短直接决定了 HAZOP 分析本身需要的费用。这项工作一般由业主、HAZOP 分析主席、过程安全工程师完成。根据经验，对于中等复杂程度的 P&ID，在采用"引导词法"进行 HAZOP 分析时，平均每天大概能完成 3.5 张。在策划 HAZOP 分析工作时，可以据此对花费的时间进行估计。

HAZOP 分析的耗时一直是国内外关注的问题。传统的 HAZOP 分析采用引导词法，对每一个节点的每一个工艺参数的偏离进行检查和讨论，这是非常消耗时间的过程。以某大型化工工艺装置为例，如果采用传统的 HAZOP 分析，历时在 1 个月以上，这还要考虑采取多团队并行分析的方式。因此，对于比较成熟的工艺过程，即 HAZOP 分析团队成员非常熟悉被分析项目的工艺及设计要求，并且具有专家水平，可以不必采取大范围的引导词法进行HAZOP 分析，可以考虑采取更加灵活的方法，如基于经验的 HAZOP 分析方法。一般情况下，采用基于经验的 HAZOP 分析方法至少可以节省一半的时间。

由于 HAZOP 分析的对象是工艺设备、工艺管线和仪表，HAZOP 分析的结果对于下游专业有很大的影响。这意味着只要 HAZOP 分析没有完成，工艺方面很有可能产生变化。所以在安排工程进度的时候，必须考虑 HAZOP 分析工作对工程进度的影响，提前做好HAZOP 分析策划和关闭等工作安排。仅仅完成 HAZOP 分析，从 HAZOP 分析的工作量看，还不到一半。更重要的是相关方如何去落实 HAZOP 分析所提的建议。只有落实了 HAZOP分析建议，HAZOP 分析才有意义。因此关闭的时间也要进行考虑。

5. 准备 HAZOP 分析资料和信息审查

在进行 HAZOP 分析会议之前，HAZOP 分析主席和记录员应当提前几天开始工作。他们的主要任务如下。

❶ 检查 HAZOP 分析所需资料是否齐全，是否能满足 HAZOP 分析要求。最重要的就是检查 P&ID 图纸的版次、深度及完善程度。HAZOP 分析所需要的主要资料是管道仪表流程图（P&ID）、工艺流程图（PFD）、物料平衡和能量平衡、设备数据表、管线表、工艺说明等文件。这些图纸和资料需要在 HAZOP 分析会开始前准备好。特别是 P&ID，应保证与会人员每人一套。P&ID 要信息完整、符合设计深度要求，以保证分析的准确性。

❷ 与工艺设计人员沟通，以便了解更多的信息；在 HAZOP 分析之前，很有可能已经开展过其他安全分析工作并有相应的分析报告。那么，HAZOP 分析团队要在 HAZOP 分析开

始前和分析过程中审查这些报告，重点检查安全报告内是否有需要在当前设计阶段落实的建议和措施。

❸ 初步划分 HAZOP 分析节点（注：有时候划分节点的工作也可以在分析会上进行）；向 HAZOP 分析记录软件里输入一些必要的信息。

6. HAZOP 分析会场及条件

HAZOP 分析是一项重要的安全审核工作，它是一项正式的安全活动，因此在会议室准备方面也不能忽视。首先应根据参加 HAZOP 分析人员的多少估计会场的大小，一般要选择一个能容纳 12～13 人的会议室。会议室应尽量选择在安静的地方。会议室应该有投影仪、笔记本电脑、黑板、翻页纸、胶带等。有时候要考虑在墙上悬挂大号的 P&ID 图纸，所以要求会议室的墙壁不能有影响悬挂的物件。

还有一项重要工作是选择 HAZOP 分析的管理软件，现在的 HAZOP 分析一般都要采用专门的 HAZOP 分析软件进行记录和管理。要在作业程序里明确所用 HAZOP 分析软件的类型。国内外都有专业化的计算机辅助 HAZOP 分析软件。这些管理软件能有效地帮助记录 HAZOP 分析过程，管理 HAZOP 分析的有关信息，提高分析工作的效率。当然，也可以用普通的办公软件如 Word 或 Excel 进行记录和管理。

HAZOP 分析是一项非常耗费精力的工作，必须安排适当的休息时间。会议室一般要准备茶水、咖啡、水果和甜点等。

7. HAZOP 分析会议前的准备

在 HAZOP 分析会议的第一天，在分析工作正式开始前，HAZOP 分析主席最好对参会人员进行一个简短的 HAZOP 分析方面的培训，即使参会人员已经有很多经验。简短培训完毕后，参会人员一般会介绍自己，让大家知道各成员的工作经验、专业特长以及在 HAZOP 分析中的角色。在接下来的时间里，HAZOP 分析团队成员在 HAZOP 分析主席的领导下按 HAZOP 分析程序要求的步骤开展工作。

8. 合理安排 HAZOP 分析会议时间

由于 HAZOP 分析团队成员大多是日常生产管理的骨干，在企业组织开展 HAZOP 分析时，要考虑这些团队成员的工作特点，统筹安排 HAZOP 分析会议的时间，既要保证这些人员参加 HAZOP 分析会议，又要兼顾正常生产。某企业的做法是：HAZOP 分析的时间要错开每天处理日常生产事务的高峰时间。如上午分析的时间安排在 10 点开始，目的是给参加 HAZOP 分析的那些骨干留出在单位处理工作的时间。某企业的 HAZOP 分析时间安排见表 6-1。

表 6-1　某企业的 HAZOP 分析时间安排

时间	工作安排	人员
8:30～10:00	做 HAZOP 分析工作准备	HAZOP 分析主席、记录员和协调员
	在工作例会中，关注前一天 HAZOP 分析结果中涉及的问题，并安排整改工作	车间主任
	处理自身日常工作	专业技术人员
10:00～12:00	进行 HAZOP 分析	分析团队成员

时间	工作安排	人员
12:00 ～ 13:00	休息	分析团队成员
13:00 ～ 16:00	进行 HAZOP 分析	分析团队成员
16:00 ～ 17:00	做当日分析工作小结	HAZOP 分析主席、记录员和分析协调员
	及时了解当天分析结果，识别出的装置 / 单元存在的风险问题	车间主任
	处理各自日常工作	专业技术人员

二、HAZOP 分析的注意事项

HAZOP 分析基本上按图 6-2 所示步骤进行。下面简要介绍在 HAZOP 分析过程中的一些注意事项。

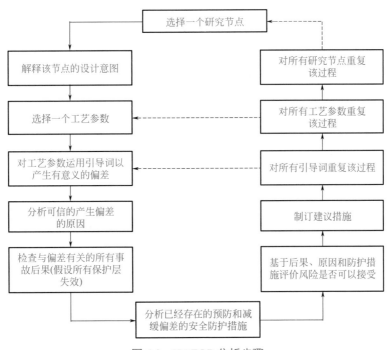

图 6-2　HAZOP 分析步骤

1. 选择一个分析节点

分析节点由 HAZOP 分析主席确定，可以在 HAZOP 分析会之前划分，也可以在开会时当场划分，以参会人员都没有异议为准。分析节点要标在大号的 P&ID 图纸上。大号的 P&ID 图纸一般应悬挂在黑板上或墙上，有时候也平铺在会议桌上，这样参会人员都可以看得见。

2. 解释该节点的设计意图

由业主工艺人员（新项目由设计方的工艺工程师）简短解释每一个节点的设计意图。解释时要简洁明了，解释清楚工艺过程即可。在介绍过程中可以随时回答参会者提出的一些问题。要特别注意介绍不同操作工况下的设计意图。HAZOP 分析记录员要记录节点的设计意图。

3. 选择一个工艺参数

一般从最常见的工艺参数开始，如流量、温度、压力、液位和组成等。

4. 对工艺参数运用引导词以产生有意义的偏离

前面已经进行了详细的介绍，由工艺参数和引导词组合形成偏离，如"流量"+"低"形成"流量低"的偏离。

5. 分析可信的产生偏离的原因

这项工作需要发挥团队的知识和经验。尽管 HAZOP 分析是一个"头脑风暴"的讨论过程，但分析团队仍然要寻找"可信的"的原因，而不是不着边际。比如说，造成管道"流量低"的原因一般有管路上的阀门误关、控制阀故障、上游泵故障等。这些都是"可信的"原因。但假设天上掉下陨石击中管线造成"流量低"就是"不可信的"原因。参会人员的经验越多，在这方面越容易达成共识。

6. 检查与偏离有关的所有事故后果（假设所有保护措施失效）

这项工作需要发挥团队的知识和经验。一个偏离造成的最终事故后果主要包括人身伤害、财产损失、环境破坏、声誉下降和违反法律等。从安全角度讲，人身伤害的后果需要特别关注。很多有经验的操作人员都会亲身经历或知道一些事故，在进行 HAZOP 分析时要多听取他们的意见。一位有经验的过程安全专家或过程安全工程师在分析事故后果时能给予很大的帮助和支持，特别是在 HAZOP 分析会议上能够较为快速地确定一个较为合理的火灾、爆炸、泄漏可能造成的后果。

7. 分析已经存在的预防和减缓偏离的安全防护措施

"安全第一、预防为主"，对于过程安全管理更是如此。从危险源到事故发生并不是一蹴而就的。如果仔细分析工艺装置经常发生的火灾和爆炸事故，可以发现其发生路径一般如下：❶ 存在危险源（如工艺设备或管线里存在的危险物料）→ ❷ 某种可以导致"偏离"的原因产生（如容器出口阀门关闭）→ ❸ 工艺操作状态产生"偏离"（如容器内"压力高""液位高"等）→ ❹ 危险"事件"发生（如容器因超压而破裂导致危险物料泄漏）→ ❺ 泄漏的物料遇到点火源（如静电、明火、高温表面等）→ ❻ 着火、爆炸→ ❼ 造成人员伤害、财产损失、环境破坏等各种后果。

简化一下，事故发生即是按"七环节"进行：❶ 危险源→ ❷ "原因"→ ❸ "偏离"→ ❹ "事件"→ ❺ 点火源→ ❻ 火灾、爆炸→ ❼ 后果。

事故"七环节"的演变路径就是一种简单的链状事故剧情，工程设计阶段解决安全问题的出发点一定要放在 ❹ "事件"之前的三个环节。在 HAZOP 分析过程中也是这个思路，即预防措施优先于减缓措施。

无论是检查现有安全措施是否充分，还是提出建议措施，HAZOP 分析团队成员要尽量按以下思路考虑，简称为"7 问"法。

❶ 能否从根本上消除该危险源？→ ❷ 如果不能消除"危险源"，能否用一种危险性更小的物料代替目前的物料？→ ❸ 能否减少"危险源"的数量？→ ❹ 能否消除产生"偏离"的"原因"？→ ❺ 能否减少"原因"产生的频率？→ ❻ 能否消除"偏离"？→ ❼ 能否减少

"偏离"的程度？

从风险控制策略的角度，上述优先级是从高到低的。这种风险控制策略不仅仅是HAZOP分析人员需要掌握的，也是一个工艺设计人员需要掌握的。

8. 基于后果、原因和预防措施评价风险是否可以接受

这是很重要的一个环节，因为HAZOP分析团队要判断一个危险源的已有安全措施是否充分，从而判断是否已经把风险降低到了可以接受的程度。目前国际上进行HAZOP分析时最常用的一个工具就是风险矩阵。风险矩阵方法是一种半定量的方法，经大量实践证明是有效的，已经广泛被业界接受。

9. 制订建议措施

在HAZOP分析过程中，当发现已有安全措施不充分时，HAZOP分析团队应给出建议措施。所提出的建议措施应该遵循设计方的标准。例如，如果设计标准明确规定在压力容器上必须考虑双安全阀，那么当HAZOP分析团队发现设计图纸缺少一个安全阀时，"建议增加一个安全阀"会得到所有人的同意。在有些情况下，标准规范并没有规定如何去做，HAZOP分析团队就要通过讨论确定建议的安全措施。因此，如前所述，HAZOP分析团队成员必须有相当的经验、知识并且熟悉设计惯例，以及在会议过程中有做出决定的能力。有时候，在参会人员无法达成一致意见时，HAZOP分析主席往往会决定会后由相关方对该问题进行专题研究。这样可以使HAZOP分析得以继续进行。

10. 用尽其他引导词重复上述步骤

有时候不同的引导词产生的事件和后果是一样的，为了节省时间，可以直接在记录表格里注明，如"见上面'流量低'工况"。

11. 对所有工艺参数重复上述步骤

即对所有的工艺参数重复上述步骤3～10。

12. 遍历所有节点重复上述步骤

HAZOP分析会议是非常消耗精力的过程，因此要在每天的会议过程中安排适当的会间休息。每天HAZOP分析的时间以4～6h为宜。在每天HAZOP分析会议的结尾，HAZOP分析主席一般会组织参会人员审核当天的工作，重点是审核HAZOP分析发现的问题及建议，确保当天的分析成果得到参会人员的认可。在接下来的几天甚至几周的时间里，除了简短的培训外，HAZOP分析的主要工作基本上和第一天是一样的。

13. 编制HAZOP分析报告

HAZOP分析结束后，应尽快编制HAZOP分析报告。HAZOP分析主席是HAZOP分析报告编制的负责人，但实际的整理和文字工作一般由记录员完成，HAZOP分析主席负责报告的审查工作。HAZOP分析报告初稿完成后，要征求所有参会人员的意见。在吸收采纳参会人员的意见后，更改后的报告再次发给与会人员审核，直至没有意见。

14. 追踪建议措施的落实

HAZOP分析建议的落实对于整个HAZOP分析工作来讲是最重要的一项工作，也是最难的工作。在HAZOP分析的过程中，分析团队提出的任何建议都应该分配给某一个参会的人员并明确建议落实的完成时间。HAZOP分析建议一般涉及P&ID的更新，因此HAZOP

分析完后设计组应出一版新的 P&ID。属于设计阶段的建议必须在设计阶段关闭，属于制定操作规程方面的要正式移交给业主。一般来说，业主方和设计方都要有一个 HAZOP 分析工作的协调人。特别是设计方要有一名专人负责 HAZOP 分析建议的关闭工作。这项工作一般由设计团队的过程安全工程师或 HSE 工程师担任。他们的主要工作是检查建议的责任方对 HAZOP 分析提出的某项建议的落实情况并进行记录，负责定期发布建议措施的跟进报告，向业主、HAZOP 分析参会人员、项目管理层汇报已经关闭的建议、仍然处于开放状态的建议。这是一项长期的工作，有些建议在设计阶段的末期才能关闭。总之，在设计阶段必须落实那些应该在设计阶段解决的建议。

15. 发布终版的 HAZOP 分析报告

在所有建议都得以落实后，在适当的时机，项目组应召开 HAZOP 分析建议的关闭会议，一般由业主、工艺工程师、安全工程师参加。他们对照 HAZOP 分析所提出的建议和更新后的 P&ID 和其他文件，逐条进行验证。全部建议得到验证并确认落实后，项目组应出最终版的 HAZOP 分析报告，报告应含有建议的落实情况。终版的 HAZOP 分析报告一般应经业主书面认可。这意味着设计阶段的 HAZOP 分析工作正式结束。

16. 保留记录

要根据项目要求对 HAZOP 分析报告和分析用的 P&ID 进行归档保存。完整报告应交给业主。一方面，业主要继续落实需要在操作阶段执行的建议；另一方面，HAZOP 分析报告是业主操作、培训和制定操作规程的重要文件之一，也是在役装置进行 HAZOP 分析的基础文件之一。

【任务实施】

通过任务学习，掌握制订 HAZOP 分析计划的要点（工作任务单 6-1）。

要求：1. 按授课教师规定的人数，分成若干个小组（每组 5 ~ 7 人）。

2. 完成后，以小组为单位向全体分享。

3. 时间在 40min 内，成绩在 90 分以上。

工作任务一　制订 HAZOP 分析计划		编号：6-1
考查内容：HAZOP 分析计划制订的要点及分析会议注意事项		
姓名：	学号：	成绩：

	选项
1. 确定 HAZOP 分析时间进度计划 　　HAZOP 分析的组织者要根据装置的规模、（　　）和难易程度估算 HAZOP 分析的时间。HAZOP 分析的时间长短直接决定了 HAZOP 分析本身需要的（　　）。这项工作一般由业主、HAZOP 分析主席、过程安全工程师完成。根据经验，对于中等复杂程度的 P&ID，在采用"（　　）"进行 HAZOP 分析时，平均每天大概能完成 3.5 张。在策划 HAZOP 分析工作时，可以据此对花费的时间进行估计。	①费用 ②引导词法 ③ P&ID 的数量 ④设计问题 ⑤经济损失 ⑥标准和规范 ⑦非正常操作

	选项
2. HAZOP 分析步骤 根据 HAZOP 分析步骤用对应选项将下图补充完整。 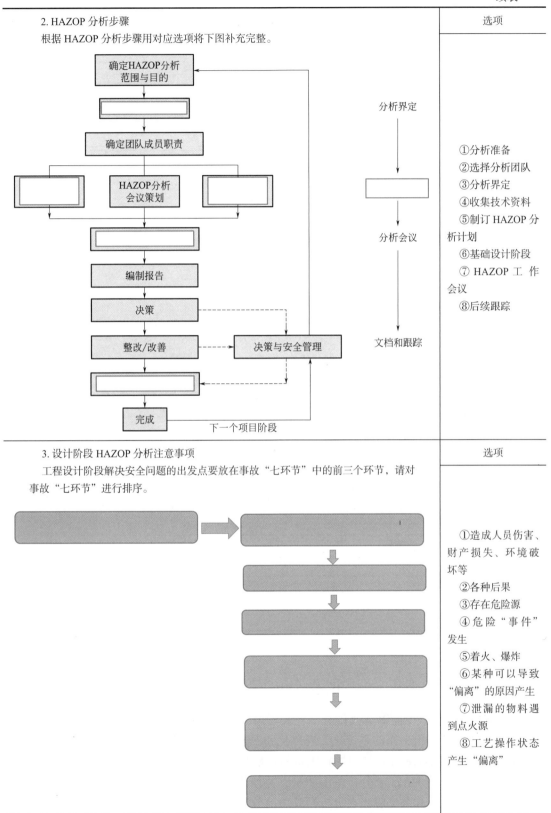	①分析准备 ②选择分析团队 ③分析界定 ④收集技术资料 ⑤制订 HAZOP 分析计划 ⑥基础设计阶段 ⑦ HAZOP 工作会议 ⑧后续跟踪

	选项
3. 设计阶段 HAZOP 分析注意事项 　工程设计阶段解决安全问题的出发点要放在事故"七环节"中的前三个环节，请对事故"七环节"进行排序。	①造成人员伤害、财产损失、环境破坏等 ②各种后果 ③存在危险源 ④危险"事件"发生 ⑤着火、爆炸 ⑥某种可以导致"偏离"的原因产生 ⑦泄漏的物料遇到点火源 ⑧工艺操作状态产生"偏离"

✎ 【任务反馈】

简要说明本次任务的收获、感悟或疑问等。

┌───┐
│ **1 我的收获**   │
│   │
│   │
│   │
└───┘

┌───┐
│ **2 我的感悟**   │
│   │
│   │
│   │
└───┘

┌───┐
│ **3 我的疑问**   │
│   │
│   │
│   │
│   │
└───┘

任务二 收集 HAZOP 分析需要的技术资料

任务目标	1. 掌握工程设计阶段 HAZOP 分析需要的技术资料的内容 2. 掌握生产运行阶段 HAZOP 分析需要的技术资料的内容 3. 掌握收集 HAZOP 分析需要的技术资料的注意事项
任务描述	通过本任务的学习，知晓准确收集 HAZOP 分析需要的技术资料的重要性

📖 【相关知识】

一、收集 HAZOP 分析需要的技术资料的目的

HAZOP 分析是一项能够有效排查工艺装置事故隐患、预防重大事故和保障安全生产的重要工作，为保证分析工作的系统化、规范化和严谨性，必须提供大量准确规范的技术材料作为支撑。收集 HAZOP 分析需要的技术资料和数据，就是为了能对装置工艺过程本身进行非常精确的描述，使 HAZOP 分析范围明确，并使 HAZOP 分析尽可能地建立在准确的基础上。重要的技术资料和数据应当在分析会议之前分发到每个分析人员手中。

二、HAZOP 分析所需技术资料的内容

1. 工程设计阶段 HAZOP 分析所需技术资料

对于建设项目和科研开发的中试及放大装置，开展 HAZOP 分析所需的技术资料包括但不限于以下内容：

❶ 项目或工艺装置的设计基础。主要包括装置的原辅材料、产品、工艺技术路线、装置生产能力和操作弹性、公用工程、自然条件、上下游装置之间的关系等方面的信息以及设计所采用的技术标准及规范。

❷ 工艺描述。工艺描述是对工艺过程本身的描述，一般是根据原料加工的顺序和操作工况进行表述。工艺描述是工艺装置的核心技术文件之一。工艺描述在工艺包阶段就已经生成。

❸ 管道和仪表流程图（P&ID）。在设计阶段，工艺专业会产生几个版次的 P&ID。在基础设计阶段有内部审查版（A 版）、提出条件版（B 版）、供业主审查版（0 版），详细工程设计阶段有 1、2、3 版。主流程的 HAZOP 分析一般在基础设计阶段进行，P&ID 的深度应该接近 0 版，一般项目组会单独出一版供 HAZOP 分析的 P&ID。成套设备的 HAZOP 分析一般在详细工程设计阶段进行，P&ID 应该包含所有的设备和管线信息及控制回路。

❹ 以前的危险源辨识或安全分析报告。在基础设计阶段进行 HAZOP 分析时，要检查工艺包阶段的危险源辨识或安全分析报告是否有需要在基础设计阶段落实的建议或措施。在开展详细设计阶段的 HAZOP 分析时，分析团队首先要检查基础设计阶段的安全分析报告（如 HAZOP 分析报告）是否有需要在详细设计阶段落实的建议和措施。

❺ 物料和热量平衡数据。物料平衡反映了工艺过程原料和产品的消耗量、比例、相态和操作条件。工程设计都是以物料平衡和热量平衡为基础开展的。在设计阶段，只要工艺路线和规模没有发生变化，物料和热量平衡就是不变的。

❻ 联锁逻辑图或因果关系表。这里主要指安全仪表系统的逻辑图和因果关系表。通过这些资料，HAZOP 分析团队可以理解联锁启动的原因和执行的动作，也可以了解联锁系统的配置。

❼ 全厂总图。全厂总图体现了工艺装置单元、辅助设施的相对关系和位置。

❽ 设备布置图。在平面图上显示了所有设备的位置和相对关系。

❾ 化学品安全技术说明书（MSDS）。MSDS 含有物料的物理性质和化学性质，是进行工艺设计和工程设计的重要过程安全信息。在 HAZOP 分析过程中，往往会查询相关物料的 MSDS。

❿ 设备数据表。设备数据表包含了工艺设备的操作条件、设计条件、管口尺寸、设备等级等各种信息。

⓫ 安全阀泄放工况数据表。数据表包含了安全阀、爆破片等安全泄放设施的设计工况和有关工艺数据。

⓬ 工艺特点。即使是生产同一种产品的工艺装置，不同专利商的工艺技术可能有自己的工艺特点，因此要注意获得这方面的资料。HAZOP 分析团队要特别注意这一点，避免犯经验主义或低估某些过程安全风险。

⓭ 管道材料等级规定。它规定了各种温压组合工况对材料的选择要求。

⑭ 管线规格表。它包含管线的操作条件、设计条件、材质和保温方面的信息。

⑮ 操作规程和维护要求。新装置可以参考已有装置。

⑯ 紧急停车方案。

⑰ 控制方案和安全仪表系统说明。

⑱ 设备规格书。它含有材质、设计温度/压力的有关信息。

⑲ 评价机构及政府部门安全要求。如《建设项目安全设立评价报告》和《职业卫生预评价报告》提出的建议措施。

⑳ 类似工艺的有关过程安全方面的事故报告。在设计过程中也应该吸取以前的或类似装置的事故教训，避免类似的事故再次发生。

2. 生产运行阶段 HAZOP 分析所需技术资料

对于在役装置，除了包括以上工程设计阶段 HAZOP 分析所列明的资料外，还需要补充以下资料：

❶ 工艺描述。由于在役工艺装置可能进行过改扩建或变更，因此要补充完整、准确的工艺描述。

❷ 管道和仪表流程图。对于在役装置的 HAZOP 分析，应该获得含有变更信息的最新 P&ID。

❸ 以前的危险源辨识或安全分析报告。在进行在役装置 HAZOP 分析时，要回顾设计阶段完成的 HAZOP 分析报告。

❹ 操作规程和维护要求。对在役装置进行 HAZOP 分析时，应获得有效版本的操作规程。

❺ 类似工艺的有关过程安全方面的事故报告。对于在役装置，要特别注意搜集本装置曾经发生过的事故和未遂事件。

❻ 装置分析评价的报告。

❼ 相关的技改等变更记录和检维修记录。

❽ 本装置或同类装置事故记录及事故调查报告。

❾ 装置的现行操作规程和规章制度。

❿ 其他必要的补充资料。

三、收集 HAZOP 分析需要的技术资料的注意事项

收集 HAZOP 分析需要的技术资料时，应确保分析使用的资料是最新版的资料，资料应准确可靠。因为 HAZOP 分析的准确度取决于可用的技术资料与数据，这些资料与数据能准确表达所要分析的环境和相关装置。不正确的技术资料将导致不准确的结果。例如，如果北欧海上设施失效数据被用于东南亚海上设施的 HAZOP 分析，由于大气和水温不同，人的反应和设备性能也不同，那么，HAZOP 分析结果的可靠性将降低。因此，不能直接把某一方面的信息数据应用于其他方面。

当所有的资料准备好时，就可以开始 HAZOP 分析。如果资料不够，会造成 HAZOP 分析进度拖延，同时不可避免地影响 HAZOP 分析结果的可信性。HAZOP 分析主席或协调者必须确保所有的资料文件在开始 HAZOP 分析之前一周准备好，所有的文件需经过校核，并具备进行 HAZOP 分析的条件。

通过任务学习，完成 HAZOP 分析所需技术资料的收集（工作任务单6-2）。

要求：1. 按授课教师规定的人数，分成若干个小组（每组 5～7 人）。

2. 完成后，以小组为单位向全体分享。

3. 时间在 30min 内，成绩在 90 分以上。

工作任务二　收集 HAZOP 分析需要的技术资料		编号：6-2
考查内容：收集 HAZOP 分析技术资料的要点及注意事项		
姓名：	学号：	成绩：

1. 通过任务学习，完成下列选择题。

（1）HAZOP 分析所需的基本资料中不包括（　　）。

A. 计算机程序　　　B. 逻辑图　　　C. 流程图　　　D. 作业人员资历证书

（2）进行 HAZOP 分析必须要有工艺过程流程图及工艺过程详细资料。正常情况下，只有在（　　）设计的阶段才能提供上述资料。

A. 开始　　　　　　B. 最后　　　　C. 中间　　　　D. 全部

（3）下面选项中，（　　）不是危险和可操作性研究（HAZOP）通常所需的资料。

A. 带控制点工艺流程图 PID　　　　　B. 现有流程图 PFD、装置布置图

C. 操作规程　　　　　　　　　　　　D. 设备维修手册

（4）工艺管道及仪表流程图是 HAZOP 分析是最重要的资料之一。（　　）

A. 正确　　　　　　　　　　　　　　B. 错误

2. 根据收集 HAZOP 分析需要技术资料的注意事项，将下列内容补充完整。

收集 HAZOP 分析需要的技术资料时，应确保分析使用的资料是（　　）的资料，资料应（　　）。因为 HAZOP 分析的准确度取决于可用的技术资料与数据，这些资料与数据能准确表达所要分析的（　　）和相关装置。不正确的技术资料将导致不准确的结果。

当所有的资料准备好时，就可以开始 HAZOP 分析。如果资料不够，会造成 HAZOP 分析进度拖延，同时不可避免地影响 HAZOP 分析结果的（　　）。HAZOP 分析主席或协调者必须确保所有的资料文件在开始 HAZOP 分析之前（　　）准备好，所有的文件需经过（　　），并具备进行 HAZOP 分析的条件。

选项
①环境
②最新版
③可信性
④准确可靠
⑤一周
⑥两周
⑦校核

简要说明本次任务的收获、感悟或疑问等。

1	我的收获

2 我的感悟	

3 我的疑问	

👥 【项目综合评价】

姓名		学号		班级	
组别		组长及成员			
项目成绩：			总成绩：		
任务		任务一		任务二	
成绩					
自我评价					
维度		自我评价内容			评分
知识		1. 掌握制订 HAZOP 分析计划的要点（5分）			
		2. 熟悉进行 HAZOP 分析的注意事项（5分）			
		3. 掌握事故分析"七环节"的内容（5分）			
		4. 掌握 HAZOP 分析"7问"法的内容（5分）			
		5. 理解收集 HAZOP 分析需要的技术资料的目的（5分）			
		6. 掌握工程设计阶段 HAZOP 分析所需技术资料的基本内容（5分）			
		7. 掌握生产运行阶段 HAZOP 分析所需技术资料的基本内容（5分）			
		8. 理解收集 HAZOP 分析需要的技术资料的注意事项（5分）			
能力		1. 能够收集工程设计和生产运行阶段 HAZOP 分析所需技术资料（10分）			
		2. 能够描述收集 HAZOP 分析需要的技术资料的注意事项（10分）			
		3. 能够对收集的 HAZOP 分析技术资料进行审查（10分）			
		4. 能规范合理制订 HAZOP 分析计划（10分）			

维度	自我评价内容	评分
素质	1. 通过学习 HAZOP 分析所需技术资料的内容，知晓完备的技术资料对于 HAZOP 分析的重要性（4 分）	
	2. 通过学习收集 HAZOP 分析技术资料的注意事项，知晓技术资料准确可靠的重要性（4 分）	
	3. 通过学习制订 HAZOP 分析计划的要点，知晓制定 HAZOP 分析计划的重要性（4 分）	
	4. 通过学习 HAZOP 分析计划的制订，提高对 HAZOP 分析工作的统筹管理能力（4 分）	
	5. 通过学习"七环节""7 问"法，提高对潜在风险的识别能力（4 分）	
总分		
我的反思	我的收获	
	我遇到的问题	
	我最感兴趣的部分	
	其他	

项目七
HAZOP 分析

 【学习目标】

知识目标

1. 了解 HAZOP 分析的基本步骤与采用的顺序方法；
2. 掌握节点划分的方法与设计意图描述的准确性；
3. 了解常见的偏离与说明，识别出有意义的偏离；
4. 掌握识别后果的方法与事故后果分类；
5. 掌握化工企业风险评估方法，对存在的风险进行合理、精准的评估；
6. 了解安全措施的类型，掌握独立保护层及其相关特性的含义；
7. 了解建议措施提出的策略及建议措施类型选择的优先级；
8. 了解常见原因的类型与原因的分析步骤。

能力目标

1. 能挑选出适合所分析工艺的分析步骤；
2. 能够对不同生产工艺进行节点的合理划分；
3. 能够识别不同的工艺存在的偏离，并掌握书写规则；
4. 了解偏离造成的后果，并会判断其合理性；
5. 能够识别初始原因并审核其可信性；
6. 能够在事故情景中识别出独立保护层，并会审核其独立性和有效性；
7. 能判断风险可接受标准满足法规、企业的要求，并能判定初始原因的频率和事故后果严重程度；
8. 能根据风险评估结果提出合理建议措施，并审核其有效性。

素质目标

1. 可识别潜在的安全隐患，增加对风险的认知能力；
2. 提升化工安全意识，建立危害辨识与风险管控的思维，增强学生对潜在的风险识别能力；
3. 从思想上树立起高度的安全责任意识，能够通过参数的科学控制落实安全生产实施策略。

随着我国对危险化学品企业的生产安全性要求越来越高，HAZOP 已经成为危险化学品项目建设和运行过程中进行过程危险源分析的一种常用和重要的手段。越来越多的企业已经逐渐认识到可以利用 HAZOP 分析方法的系统性分析优势，查找出一些被忽视的设计缺陷、在役装置的安全隐患等，并开始接受和主动应用这种方法。

HAZOP 分析是一种定性的风险分析方法，其益处很多，如：对分析对象（流程、设备）的隐患和可操作性进行系统、全面的评审；能对误操作的后果进行分析评价并提出相应的预防措施；能对从未发生过但可能出现的事故和险情进行预测性的评价；能改进流程设备的安全性和效率；通过 HAZOP 分析的过程能让参与者对分析对象有彻底深入的了解等。

【项目实施】

任务安排列表

任务名称	总体要求	工作任务单	建议课时
任务一 HAZOP 分析基本步骤认知	通过该任务的学习，掌握 HAZOP 分析基本步骤的分类与适用工况	7-1	1
任务二 HAZOP 分析节点划分	通过该任务的学习，掌握节点划分的意义与方法	7-2	1
任务三 HAZOP 分析设计意图描述	通过该任务的学习，掌握设计意图描述方法	7-3	1
任务四 HAZOP 分析偏离确定	通过该任务的学习，掌握偏离确定的原则	7-4	1
任务五 HAZOP 分析后果识别	通过该任务的学习，掌握后果识别的原则与分类	7-5	1
任务六 HAZOP 分析原因识别	通过该任务的学习，掌握常见的原因及原因分析方法	7-6	1
任务七 HAZOP 分析现有安全措施识别	通过该任务的学习，掌握独立保护层的概念与有效性和独立性	7-7	1
任务八 HAZOP 分析风险等级评估	通过该任务的学习，掌握事故后果严重性的判断与初始原因失效概率的选择，及风险计算方法	7-8	1
任务九 HAZOP 分析建议措施提出	通过该任务的学习，掌握建议措施的合理性与有效性	7-9	1

任务一 HAZOP 分析基本步骤认知

任务目标	1. 掌握 HAZOP 分析基本步骤 2. 掌握 HAZOP 分析步骤相应的工作内容
任务描述	通过学习 HAZOP 分析步骤，知晓 HAZOP 分析步骤相应的工作内容

📖 【相关知识】

HAZOP 分析目前较普遍的做法是先将工艺系统分解成不同的子系统，即所谓的"节点"。对于每一个节点，参考一系列引导词，通过偏离识别可能的事故剧情，然后评估各个事故剧情当前的风险，必要时提出建议措施。

HAZOP 分析的优势源自规范化的逐步分析过程。HAZOP 分析顺序有"参数优先"和"引导词优先"两种，一般采用"参数优先"顺序，如图 7-1 所示，具体描述如下。

❶ 概述分析计划。在 HAZOP 分析开始时，HAZOP 分析主席要确保分析成员熟悉所要分析的过程系统以及分析的目标和范围。

❷ 划分节点。HAZOP 分析主席在会议开始之前划分好节点，并选择某一节点作为分析起点，并做出标记。

❸ 描述设计意图。由工艺工程师或设计工程师解释该节点的设计意图，确定相关参数或要素。

❹ 产生偏离。HAZOP 分析主席选择其中一个参数或要素，确定将要使用的引导词，并选定其中的一个引导词与选定的参数相结合，产生一个有意义的偏离。

❺ 分析结果。在不考虑现有的安全保护措施的情况下，HAZOP 分析团队在 HAZOP 分析主席的引导下，识别出该偏离所能导致的所有不利后果。

❻ 分析原因。HAZOP 分析团队在主席的引导下，在本节点以及该节点的上下游分析识别出能够导致该偏离的所有原因。

❼ 确定安全保护措施。HAZOP 分析团队应识别系统设计中对每种后果现有的保护、检测和显示装置（措施），这些保护措施可能包含在当前节点，或者是其他节点设计意图的一部分。

❽ 确定每个后果的严重性和可能性。在考虑安全保护措施的情况下，根据风险矩阵确定该后果的风险等级。

❾ 提出建议措施。如果该后果的风险等级超出企业能够承受的风险等级，HAZOP 分析团队就必须提出降低风险的建议措施，使风险降至可接受的程度。

❿ 记录。记录员对所有的偏离、偏离的根本原因和不利后果、保护措施、风险等级都要做详细记录。HAZOP 分析主席应对记录员记录的文档结果进行总结。当需要进行相关后续跟踪工作时，也应记录完成该工作的负责人的姓名。

⓫ 依次将其他引导词和该参数相结合产生有意义的偏离，重复步骤❺～❿，直到分析完所有引导词。

⑫ 依次分析该节点的所有参数的偏离，重复步骤 ❹ ～ ⓫，直到分析完毕该节点的所有参数。

⑬ 依次分析完成所有节点，重复步骤 ❷ ～ ⑫，直到分析完毕所有节点。

在进行 HAZOP 分析时，无论如何，要确保不漏掉对所有设计意图偏离的分析。

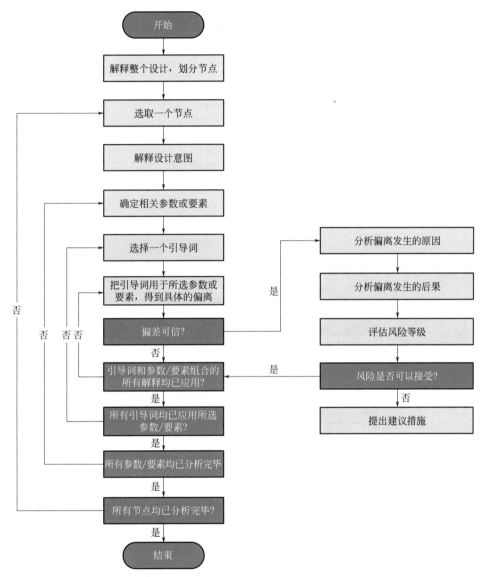

图 7-1 **HAZOP** 分析基本步骤（采用"参数优先"顺序）

【任务实施】

通过任务学习，完成 HAZOP 分析基本步骤认知（工作任务单 7-1）

要求：1. 按授课教师规定的人数，分成若干个小组（每组 5 ～ 7 人）。

2. 完成后，以小组为单位向全体分享。

3. 时间在 30min 内，成绩在 90 分以上。

姓名：	学号：	成绩：

1. 请依据提示框补全"参数优先"顺序的 HAZOP 分析基本步骤图。

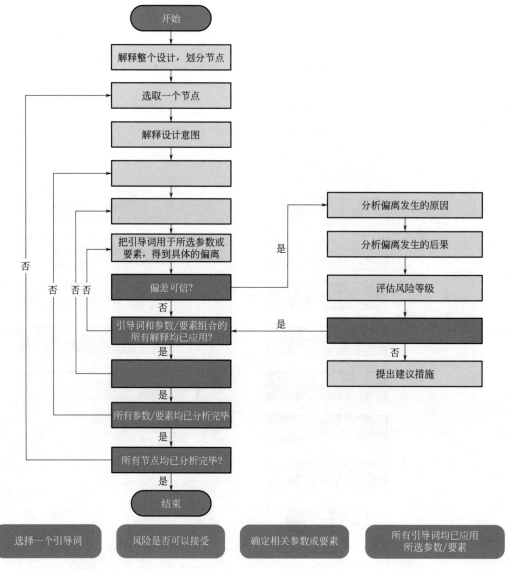

选择一个引导词	风险是否可以接受	确定相关参数或要素	所有引导词均已应用 所选参数/要素

2. 完成以下判断题。

（1）HAZOP 分析小组由多专业的专家组成，他们必须具备合适的技能和经验，有较好的直觉和判断能力。（　　）

（2）对识别出的问题提出解决方案是 HAZOP 分析的主要目标，针对提出的解决方案，应做好记录供设计人员参考。（　　）

（3）如果该后果的风险等级超出企业能够承受的风险等级，HAZOP 分析团队就必须提出降低风险的建议措施，使风险降至可接受的程度。（　　）

（4）HAZOP 分析主席在会议开始之前划分好节点，并选择某一节点作为分析起点即可，不需要做出标记。（　　）

（5）记录员对所有的偏离、偏离的根本原因和不利后果、保护措施、风险等级都要做详细记录。（　　）

简要说明本次任务的收获、感悟或疑问等。

1	我的收获

2	我的感悟

3	我的疑问

任务二 HAZOP 分析节点划分

任务目标	1. 能进行 HAZOP 分析节点划分并会审核其合理性 2. 了解节点划分的方法与画法 3. 能对精馏塔 T101 单元进行合理的节点划分
任务描述	通过学习节点划分的方法与画法，知晓节点划分在 HAZOP 分析中的作用与意义

📖 【相关知识】

一、HAZOP 分析节点划分方法

HAZOP 分析的基础是"引导词检查"，它可仔细地查找与设计意图背离的偏离。为便于分析，可将系统分成多个节点，各个节点的设计意图应能充分定义。

（1）节点（Nodes） 在开展 HAZOP 分析时，通常将复杂的工艺系统分解成若干"子系统"，每个子系统称作一个"节点"。这样做可以将复杂的系统简化，也有助于分析团队集中精力参与讨论。

节点的划分一般按照工艺流程的自然顺序进行，从进入的 P&ID 管线开始，继续直至设计意图的改变，或继续直至工艺条件的改变，或继续直至下一个设备。对于连续的工艺过程，HAZOP 分析节点可能为工艺单元（工艺流程图的一部分）；对于间歇过程来说，HAZOP 分析节点可能为操作步骤。

（2）划分的目的　便于一部分一部分地进行 HAZOP 分析；在节点内找偏离，通过偏离挖掘事故剧情。

（3）目标　在节点内尽可能包含完整的事故剧情。

（4）划分原则

❶ 所有设备，管线都要划到节点内；

❷ 同一台设备要划在同一节点内，如换热器、反应罐、塔等，管线除外。注：在 HAZOP 分析时，还需要考虑流程图中无法显示的部分，如设备之间的距离、围堰、探头（检测点）的位置、按钮的位置、排放口的位置、是否方便取样、阀门位置等。

（5）节点描述

❶ 起止范围：从哪里到哪里；

❷ 所包括的管道和设备。

如：从界区来的直馏石脑油到预加氢进料缓冲罐 D-101 之间的管道，包括预加氢进料缓冲罐 D-101、氮封管线、排污管线和预加氢进料泵 P-101 返回管线。

二、HAZOP 分析节点划分注意事项

首先，要掌握所分析的内容，针对一套工艺系统，既要从整体上把握，也要清楚每一个生产环节，这是节点划分的最基本思路，也是粗略确定各节点范围的依据。

其次，要按照工艺系统所处理的物料进一步确定节点范围。为什么要按照物料的属性、流向来划分呢？原因很简单，同一种或几种物料处理，一般都集中在某一个小的单元内处理，根据物料的属性和流向能够更加清晰地确定节点范围。这有点像素描，经过上一步粗略线条的勾勒，做更加细致的临摹。在这一步要问自己这样几个问题：该节点输入了哪些物料？经过什么样的处理？输出了哪些产品或中间品？为了达到处理物料的目的，中途经过了哪些设备设施？采用这种发问形式，会使自己的思路更加清晰。

到此，节点划分的工作还未完成，因为还涉及一些工艺管道没有划分清楚。工艺管道的划分，原则上遵循进入设备的工艺物料管道归节点内，从设备送出的工艺物料管道划分到对应的其他节点。但这样划分的原则不是绝对的，还应考虑每一条工艺管道的设计意图。比如，一个储罐的进料管道从原则上来讲是应归到储罐的节点内，但是该管道上设有一个液位串级控制回路，是用于控制上游一个塔的液位，那么此时将该管道划分到上游塔的节点内更加合适。再比如，一个卧式储罐底部脱水管道，从原则上来说可划分到下一个节点内，但该脱水管道事实上控制的是卧式储罐脱水包的液位，用于控制卧式储罐水相液位，所以应该把它划分到卧式储罐所在节点更加合理。

三、节点划分区域大小

❶ 节点划分没有错与对，只有大与小的问题。节点的大小取决于系统的复杂性和危险的严重程度。复杂或高危险系统可分成较小的节点，简单或低危险系统可分成较大的节点。

❷ 节点划分不可过小。例如一条管线、一个换热器、一台转液泵，这样的缺陷是事故剧情的两头在外，现有的保护措施大多也在外，分析质量差，分析下个节点时，还要重复分析。

❸ 节点划分不可过大。例如蒸馏塔加若干个进液罐、若干个出液罐、再沸器、冷凝器，这样的缺陷是节点内包含的事故剧情过多，容易遗漏。

❹ 牢记：划分节点的目的不是分析节点内的事故，而是通过节点内的偏离，挖掘出整个事故剧情，并加以分析。确定所要分析的偏离才是最核心的。

❺ 若用表格记录 HAZOP 分析结果，要求有较高的节点划分的水平，否则由于表格中偏离之间不好连接，容易造成事故剧情识别不完整。

❻ 若用 CAH 软件采用图形化方式记录 HAZOP 分析结果，则与节点划分的大小无关，因为偏离之间可以建立连接，容易识别沿流程传播的危险。划分好节点的流程图是最终 HAZOP 报告的一部分，也包含在最终的存档资料中。

【任务实施】

通过任务学习，完成 HAZOP 分析节点划分相关练习题，以加深对划分节点相关知识点的掌握程度（工作任务单 7-2）。

要求：1. 按授课教师规定的人数，分成若干个小组（每组 5～7 人）。

2. 完成后，以小组为单位向全体分享。

3. 时间在 30min 内，成绩在 90 分以上。

工作任务二　HAZOP 分析节点划分　　编号：7-2	
考查内容：HAZOP 分析节点划分相关知识点	
姓名：　　　　　　学号：　　　　　　成绩：	

	选项
1. HAZOP 分析节点划分基本知识 　节点的划分一般按照工艺流程的自然顺序进行，从进入的 P&ID 管线开始，继续直至（　　）的改变，或继续直至（　　）的改变，或继续直至（　　）。 　对于连续的工艺过程，HAZOP 分析节点可能为（　　）或（　　），也可以是（　　），且根据（　　）或（　　）分成不同节点。 　划分节点便于进行 HAZOP 分析；在节点内找（　　），通过（　　）挖掘（　　）。	①工艺的变化 ②偏离 ③设计意图 ④工艺单元 ⑤工艺条件 ⑥一条线 ⑦下一个设备 ⑧事故剧情 ⑨一台设备 ⑩复杂设备

2. HAZOP 分析节点划分方法

从下面的甲醇加压塔节点图中，找出错误的地方，并加以说明。

说明：_____
_____
_____
_____
_____
_____
_____
_____
_____
_____
_____
_____
_____

3. 节点划分区域大小

节点划分没有（   ），只有（   ）的问题。节点的大小取决于（   ）和（   ）。（   ）系统可分成较小的节点，（   ）系统可分成较大的节点。

节点划分不宜过小，易造成（   ），也不宜过大，容易造成（   ）。

🖊 【任务反馈】 ——————————————————————————

简要说明本次任务的收获、感悟或疑问等。

1 我的收获

2 我的感悟

3 我的疑问

任务三　HAZOP 分析设计意图描述

任务目标	1. 了解分析设计意图在 HAZOP 分析中的作用 2. 了解分析设计意图的描述方法
任务描述	通过对本任务的学习，知晓设计意图描述的必要性与描述方法，可以独立地对相关单元进行设计意图描述

【相关知识】

一、HAZOP 分析设计意图描述的必要性

对需要分析的单元和划分的节点进行准确且全面的设计描述是完成 HAZOP 分析的先决条件。设计描述可以是对物理设计或逻辑设计的描述，其描述内容应清晰。

HAZOP 分析结果的质量取决于设计描述（包括设计意图）的完整性、充分性和准确性。因此，在收集信息资料时应注意：如果 HAZOP 分析在装置运行、停用和拆除阶段进行，应注意确保对体系所做过的任何变更均体现在设计描述中。开始分析前，分析团队应再次审查信息资料，若有必要，应进行修改。

二、HAZOP 分析设计意图的描述方法

HAZOP 分析是对系统与设计意图偏离的缜密查找过程。为便于分析，将系统分成多个节点，并充分明确各节点的设计意图。节点的设计意图可通过各种参数和要素来表示，参数是要素定性或定量的性质，如：压力、温度和电压等；要素是指节点的构成因素，用于识别该节点的基本特性，要素的选择取决于具体的应用，包括所涉及的物料、正在开展的活动、所使用的设备等。此外，参数和要素的关系是：要素常通过定量或定性的性质做更明确的定义。例如，在化工系统中，"物料"要素可以进一步通过温度、压力和成分等参数定义；对于"运输活动"要素，可通过行驶速率或乘客数量等性质定义。参数和要素既代表了该节点的自然划分，也体现了该节点的基本特性。分析参数和要素的选择在某种程度上是一种主观决定，为达到分析目的，可根据不同的应用目的选择不同的参数和要素。参数和要素可能是构成节点因素的定性或定量的性质，或是工艺程序中不连续的步骤或阶段，或是控制系统中的单独信号和设备元件，或是工艺过程中的设备等。

有些情况下，可以用如下方式表示划分的某一节点的设计意图：

❶ 物料的输入；

❷ 物料的处理；

❸ 产物的输出。

因此，设计意图可包含以下要素和参数：物料、生产活动、可视为该节点要素的输入原料和输出产品以及这些因素定性或定量的性质。下面将举例说明如何通过参数和要素对设计意图进行描述。

精馏塔 T101 将罐区送来的物料加热至适当温度进行精馏，精馏后的塔底物料进入下游装置，塔顶气相物料经塔顶冷却器冷却后进入塔顶回流罐，见"工作任务单 7-3"中节点图。节点 2 内流程中包含了冷却水进水管道和回水管道、塔顶冷却器，节点的设计意图是利用公用工程送来的冷却水，进入到冷却器，将精馏塔 T101 气相冷却。设计意图见表 7-1。

表 7-1　节点 2 设计意图

物料	来源	目的地	功能
冷却水	公用工程系统	塔顶冷却器	冷却精馏塔 T101 气相

在确定了能描述设计意图的参数和要素后，将各个引导词依次用于这些参数和要素，产生偏离，结果记录在 HAZOP 分析工作表中。在分析完此节点的所有偏离后，再选取另一节点，重复该过程。最终，该系统的所有节点都会通过这种方式分析完毕，并对结果进行记录。

"设计意图"构成分析的基准，应尽可能准确完整。设计意图的验证（参见 IEC 61160）虽然不在 HAZOP 分析范畴内，但 HAZOP 分析主席应确认设计意图准确完整，使分析能够顺利进行。通常，HAZOP 分析所需的技术资料中对设计意图的叙述多局限于正常运行条件下系统的基本功能和参数，而很少涉及可能发生的非正常运行条件和不利的活动（如：强烈的振动、管道的水击、可能失效引发的电涌）。但是，在 HAZOP 分析期间，对这些非正常条件和不利活动应予以识别和考虑。此外，设计意图的描述中也未明确说明功能失效机理，如：老化、腐蚀和侵蚀，以及造成材料特性失效的其他机理，但是，在 HAZOP 分析期间必须使用合适的引导词对这些因素进行识别和考虑。

📖 【任务实施】

通过任务学习，完成 HAZOP 分析设计意图描述相关练习题，以加深对设计意图相关知识点的掌握程度（工作任务单 7-3）。

要求：1. 按授课教师规定的人数，分成若干个小组（每组 5 ～ 7 人）。

2. 完成后，以小组为单位向全体分享。

3. 时间在 30min 内，成绩在 90 分以上。

工作任务三　HAZOP 分析设计意图描述	编号：7-3
考查内容：HAZOP 分析设计意图相关知识点	

姓名：	学号：	成绩：

1. HAZOP 分析设计意图描述的必要性　设计描述可以是对（　　）或（　　）的描述，其描述内容应（　　）。HAZOP 分析结果的质量取决于设计描述（包括设计意图）的（　　）、（　　）和（　　）	选项 ①完整性 ②物理设计 ③清晰 ④充分性 ⑤逻辑设计 ⑥准确性

2. HAZOP 分析设计意图的描述方法

根据下面精馏塔 T101 节点图，说出节点 1、节点 2 的设计意图。

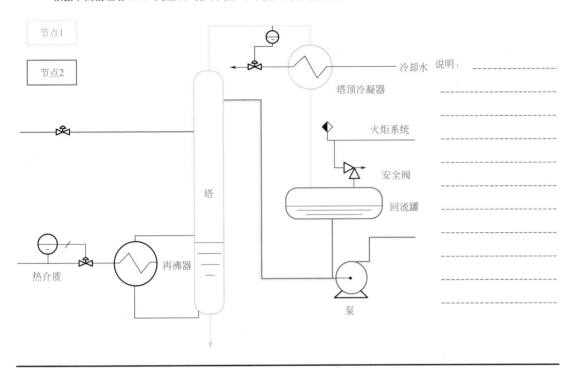

【任务反馈】

简要说明本次任务的收获、感悟或疑问等。

1 我的收获

2 我的感悟

3 我的疑问

任务四 HAZOP 分析偏离确定

任务目标	1. 能掌握连续流程偏离确定原则并会审核其合理性和全面性 2. 能掌握间歇操作偏离确定原则并会审核其合理性和全面性 3. 能掌握偏离的选择原则并会审核其准确性
任务描述	通过对本任务的学习，知晓常用的偏离总类与说明，学习选择偏离的原则，合理地选择出偏离

 【相关知识】

一、偏离的组成

偏离是指偏离所期望的设计意图。进行 HAZOP 分析时，对于每一节点，HAZOP 分析团队以正常操作运行的参数范围为标准值，分析运行过程中参数的变动，这些偏离通过引导词和参数一一组合产生，即"偏离＝引导词＋参数"。引导词与参数的组合可视为一个矩阵，其中，引导词定义为行，参数定义为列，所形成的矩阵中每个单元都是特定引导词与参数的组合，见表 7-2。为全面进行危险识别，参数应涵盖设计意图的所有相关方面，引导词应能引导出所有偏离。并非所有组合都会给出有意义的偏离，因此，考虑所有引导词和参数的组合时，矩阵可能会出现空格。

表 7-2 偏离类型及其相关引导词的示例

偏离类型	引导词	过程工业实例
否定	无，空白（NO）	没有达到任何目的。如：无流量
量的改变	多，过量	量的增多。如：温度高
	少，减量	量的减少。如：温度低
性质的改变	伴随（ASWELLAS）	出现杂质，同时执行了其他的操作或步骤
	部分（PARTOF）	只达到一部分目的。如：只输送了部分流体
替换	相反（REVERSE）	管道中的物料反向流动以及化学逆反应
	异常	最初目的没有实现，出现了完全不同的结果。如：输送了错误
时间	早（EARLY）	某事件的发生较给定时间早。如：冷却或过滤
	晚（LATE）	某事件的发生较给定时间晚。如：冷却或过滤
顺序或序列	先（BEFORE）	某事件在序列中过早地发生。如：混合或加热
	后（AFTER）	某事件在序列中过晚地发生。如：混合或加热

上述引导词有多种解释。除上述引导词外，还可能有对辨识偏离更有利的其他引导词，这类引导词如果在分析开始前已经进行了定义，就可以使用。"引导词＋参数／要素"组合在不同系统的分析中、在系统生命周期的不同阶段以及当用于不同的设计描述时可能会有不同的解释。有些组合在分析中可能没有实际物理意义，应不予考虑。应明确并记录所有"引导词＋参数／要素"组合的解释。如果某组合在设计中有多种解释，应列出所有解释。另一方面，有时会出现不同的组合具有相同的解释。在这种情况下，应进行适当的相互参考。表 7-3 和表 7-4 给出了常用偏离与偏离说明，供进行 HAZOP 分析时参考。

表 7-3　常用偏离

参数	引导词								
	无	低	高	逆向	部分	伴随	先	后	其他
流量	无流量	流量过低	流量过高	逆流	错误浓度	其他相			物料错误
压力	真空丧失	压力过低	压力过高	真空	错误来源	外部来源			空气失效
温度		温度过低	温度过高	换热器内漏					
黏度		黏度过低	黏度过高						
密度		密度过低	密度过高						
浓度	无添加剂	浓度过低	浓度过高	比例相反					杂质
液位	空罐	液位过低	液位过高		错误的罐	泡沫／膨胀			
步骤	遗漏操作步骤			步骤顺序错误	遗漏操作动作	额外步骤			
时间		时间太短太快	时间太长太迟				操作动作提前	操作动作延后	错误时间
其他	公用工程失效	低混合／反应	高混合／反应	逆向反应		静电			腐蚀
特殊	取样／测试／维护／倒淋	开车	停车		粉尘爆炸	人员因素			设施布置

表 7-4　常用偏离说明

偏离	说明	偏离	说明
无流量	没有流量	真空丧失	真空丧失（如抽风机故障）
流量过低	流量比设计／操作要求少	压力过低	压力比设计／操作要求低
流量过高	流量比设计／操作要求多	压力过高	压力比设计／操作要求高
逆流	流量沿设计或操作目标相反的方向	真空	异常真空（如蒸汽泄漏／排污／喷射）
错误浓度	在正常流量中伴随其他物质（如污染物）	错误来源	错误压力来源（如软管／快速接头连接错误）
其他相	流量是错误的状态（如液态取代气态）	外部来源	外部压力源压力偏离设计／操作要求
物料错误	流量不是预期的产品（或错误的等级／规格）	空气失效	仪表空气中断

偏离	说明	偏离	说明
温度过低	温度比设计/操作要求低	遗漏操作动作	操作步骤中某一动作遗漏（如再生时遗漏 N_2 吹扫）
温度过高	温度比设计/操作要求高	额外步骤	增加设计/操作要求之外的步骤
换热器内漏	换热器管束或管板泄漏，流体可能从高压侧窜入低压侧	时间太短太快	操作时间比设计/操作要求的短/快
火灾/爆炸	外部火灾/爆炸影响	时间太长太迟	操作时间比设计/操作要求的长/迟
黏度过低	黏度比设计/操作要求低	操作动作提前	操作动作早于设计/操作要求
黏度过高	黏度比设计/操作要求高	操作动作延后	操作动作晚于设计/操作要求
密度过低	密度比设计/操作要求低	错误时间	设计/操作要求之外的时间进行操作
密度过高	密度比设计/操作要求高	公用工程失效	公用工程系统故障失效（如停电、蒸汽中断）
无添加剂	未按设计/操作要求加入适当的添加剂	低混合/反应	混合/反应比设计/操作要求低
浓度过低	浓度比设计/操作要求低	高混合/反应	混合/反应比设计/操作要求高
浓度过高	浓度比设计/操作要求高	逆向反应	反应沿设计/操作目标相反的方向
比例相反	物料比例偏离设计/操作要求	静电	静电积聚，潜在点火源
杂质	物料内杂质含量超过设计/操作要求	腐蚀	过度降低操作寿命期
空罐	容器液位丧失	取样/测试/维护/倒淋	取样、测试、维护、倒淋操作时可能导致危害、生产延误及财产损失
液位过低	液位比设计/操作要求低	开车	开车操作时可能导致危害、生产延误及财产损失
液位过高	液位比设计/操作要求高	停车	停车操作时可能导致危害、生产延误及财产损失
错误的罐	物料进入错误的罐，不同物料可能混合（如不同规格产品混合）	粉尘爆炸	粉尘爆炸
泡沫/膨胀	容器内产生泡沫/膨胀导致液位无法准确测量	人员因素	设计/操作要求对人员影响（如连续工作时间、劳动强度、人体工程学）
遗漏操作步骤	操作步骤遗漏（如干燥器未经再生直接使用）	设施布置	设施布置不满足设计/操作要求或影响操作效率
步骤顺序错误	操作步骤执行顺序错误（如再生流程步骤错误）		

对于间歇过程 HAZOP 分析，确定偏离时，首先要知晓间歇过程 HAZOP 分析常用的引导词，必须包括提示执行顺序和时间的引导词，如：操作步骤 1 无、伴随、部分、异常、早 / 晚、先 / 后等。

二、偏离选择原则（2+1）

1. 列出节点内可能产生的偏离（具体参数的确定办法）

❶ 有保护和监测的偏离（安全释放、控制、联锁；报警、显示）。

❷ 两条基本原则。管线：基本参数为流量，温度、压力、组分可选，如果管线上有换热设备，可选温度；容器：基本参数为压力，温度、液位可选，原料或产品的储罐必须要考虑温度，有液相时需要考虑液位。

❸ 在理解设计意图的基础上，利用适用于节点内引导词和参数的有意义组合进行补充（要在头脑内过滤）。

❹ 意外情况导致的偏离。

2. 选择有价值的偏离（筛选）

❶ 可能有安全后果的偏离。

❷ 至少一头在内的偏离，且包含现有保护多的措施。

❸ 优先靠近后果的偏离（通常现有保护大多是围绕靠近后果的偏离）。

3. 描述清楚

流量到线，压力、温度到点，操作到步骤，液位到设备，详细偏离描述的时候，应加上设备名称和位号。例如：偏离"精馏塔 T101 进料管线流量（过少或无）"不能写为"流量无，进料量过少或无"。

以精馏塔 T101 单元（参见工作任务单 7-4 所示节点图）为例，可以列出表 7-5 所示偏离。

表 7-5　精馏塔 T101 偏离

精馏塔 T101 进料管线流量过少或无	精馏塔 T101 液位过高	精馏塔 T101 回流管线流量过少或无	精馏塔 T101 塔底出料管线流量过少或无
精馏塔 T101 进料管线流量过多	精馏塔 T101 液位过低 / 或无	精馏塔 T101 回流管线流量过多	精馏塔 T101 塔底出料管线流量过多
精馏塔 T101 进料管线流量伴随	精馏塔 T101 温度过高	精馏塔 T101 回流管线流量伴随	精馏塔 T101 塔底出料管线流量伴随
精馏塔 T101 进料管线流量部分	精馏塔 T101 温度过低	精馏塔 T101 回流管线流量部分	精馏塔 T101 塔底出料管线流量部分
精馏塔 T101 进料管线流量反向	精馏塔 T101 压力过高	精馏塔 T101 回流管线流量反向	精馏塔 T101 塔底出料管线流量反向
精馏塔 T101 进料管线流量异常	精馏塔 T101 压力过低	精馏塔 T101 回流管线流量异常	精馏塔 T101 塔底出料管线流量异常

HAZOP 分析的主要目的是识别危害和潜在的危险事件序列（即事故剧情）。借助引导词与相关参数和要素的组合，分析团队可以系统、全面地识别各种异常工况，综合分析各种事故剧情，涉及面非常广泛，符合安全工作追求严谨缜密的特点。引导词的运用还有助于激发分析团队的创新思维，弥补分析团队在某些方面的经验不足。

【任务实施】

通过任务学习，完成 HAZOP 分析偏离的确定相关练习题，以加深对偏离确定相关知识点的掌握程度（工作任务单 7-4）

要求：1. 按授课教师规定的人数，分成若干个小组（每组 5 ~ 7 人）。

2. 完成后，以小组为单位向全体分享。

3. 时间在 30min 内，成绩在 90 分以上。

工作任务四　HAZOP 分析偏离确定		编号：7-4	
考查内容：HAZOP 分析产生偏离相关知识点			
姓名：	学号：		成绩：

1. 将引导词和对应的偏离类型进行连接。

偏离类型　　　　　　　　　　　引导词

偏离类型	引导词
性质的改变	早/晚
量的改变	部分
时间	多/少
替换	先/后
顺序或序列	伴随
	异常

2. 根据节点类型与偏离的关系表，完成下面的习题。

塔对应的偏离包括（　　　　　　　　　　　）。

管线对应的偏离包括（　　　　　　　　　　　）。

换热器对应的偏离包括（　　　　　　　　　　　）。

选项

①高温度

②破裂

③高界面

④泄漏

⑤高压力

⑥高温度

⑦管道泄漏 / 破裂

⑧逆向 / 反向流动

⑨高浓度

⑩高流量

3. 根据精馏塔 T101 单元节点图，找出八个偏离（不可与任务学习中出现的偏离重复）。

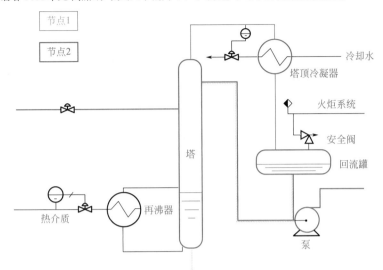

序号	参数	引导词	偏离
1			
2			
3			
4			
5			
6			
7			
8			

【任务反馈】

简要说明本次任务的收获、感悟或疑问等。

1 我的收获

2 我的感悟

【知识拓展】 HAZOP 分析中概念性参数的运用

HAZOP 分析的原理是以引导词组合参数形成偏离，然后从偏离出发，反向查找偏离产生的原因，正向分析偏离所能导致的最终后果，构成一个完整的事故剧情，然后在现有的安全保护措施下，根据原因发生的频率和后果的严重程度判断现有的安全保护措施是否能将该事故剧情的风险置于最低合理可行状态（ALARP），如若不能，则需要提出相应的建议措施进一步降低事故发生的可能性，最终使整个事故剧情的风险处于 ALARP 的容许范围之内。

【讲解视频】
标准规范 AQ/T 3049

HAZOP 分析的偏离大致可分为两类：第一类是由危险与可操作性分析（HAZOP 分析）应用导则（AQ/T 3049—2013）规定的 11 个引导词加具体参数组合成的偏离，这一类偏离较好分析，具备足够的化工操作知识，掌握相应的标准规范，就能正确分析；第二类偏离是概念性参数，引导分析过程较难把握，以致概念性参数分析常常流于形式，无法真实、具体反映现场操作过程中存在的实际问题。据有关调查数据分析，50% ～ 90% 的化工事故发生在开停车、故障处理、非正常工况、检维修过程中，这些活动或过程恰好是概念性参数分析的范畴，所以概念性参数分析的质量，直接影响着在役装置 HAZOP 分析质量。

概念性参数是 HAZOP 中常用的参数，区别于化工中常用的压力、温度等具体性参数。

1. 概念性参数分析的重要性

概念性参数的分析，目的就是发现并消除生产现场存在的各类隐患。通过引导概念性参数的分析，可以将隐患的来龙去脉梳理清楚。

概念性参数所表达的隐患大都具有一些共同的特点：不能被测量、事故发生前毫无征兆、事故发生后的应急处理方法缺失、事故后果往往因处理不当而变得更加严重，因此预防在役装置发生各类危险事故或活动，必须紧紧依赖概念性参数的分析，假设、演绎各种可能性，制定相应的预防措施，才有利于提高装置安全运行的水平。

2. 基于概念性参数设定的引导词

从以上概念性参数的含义来看，得到的信息是很笼统的，不易理解，也不能有效识别现场实际出现过或有可能出现的问题，为了能够更加具体、完整识别现场各类危险事件或活动，对概念性参数增加一些特殊的引导词，尽可能向分析人员提供线索，帮助参与者快速联想到现场的实际操作问题。各类概念性参数及解释见附录二。

任务五　HAZOP 分析后果识别

任务目标	1. 能识别偏离造成的健康影响后果并会判断其合理性
	2. 能识别偏离造成的财产影响后果并会判断其合理、可信性
	3. 能识别偏离造成的环境影响后果并会判断其合理、可信性
	4. 能识别偏离造成的声誉影响后果并会判断其合理、可信性
任务描述	通过对本任务的学习知晓进行后果识别包括的内容，以及后果选取的原则

【相关知识】

一、事故情景后果

后果是指偏离造成的后果，而不是原因的另外偏离的后果。分析后果时应假设任何已有的安全保护（如安全阀、联锁、报警、紧停按钮、放空等）以及相关的管理措施（如作业制度、巡检等）都失效。也就是说，分析团队应首先忽略现有的安全措施，分析在偏离所描述的事故剧情出现之后，可能出现的最严重后果。这样做的目的是提醒分析团队关注可能出现的最严重的后果，也就是最恶劣的事故剧情。

【讲解视频】
HAZOP 后果

安全事故的后果通常有人员伤害（包括健康影响和伤亡）、环境损害、商务损失（直接财产损失、停产损失和事故处理成本等，HAZOP 分析中主要是指直接损失）、声誉影响等。

在进行 HAZOP 分析时，通常关心安全、健康、环境与财产损失相关的后果，有些企业也考虑事故对企业声誉的影响。不少企业在 HAZOP 分析过程中，只关心安全问题和少数对生产带来特别严重影响的事故情景，这么做的目的是专注于安全问题，并且提高分析工作的效率。

后果识别需要发挥 HAZOP 分析团队的知识和经验，以便 HAZOP 分析团队能够在 HAZOP 分析会议上快速地确定合理、可信的最终事故后果，而不能过分夸大后果的严重程度。此外，有的公司在标准中规定，在 HAZOP 分析中，估计后果时应该保守一些，其目的是保证必须考虑更安全的措施。例如：假设工艺设备由于超压而发生大口径的破裂，那么危险的工艺物料将发生泄漏。在发生火灾或蒸气云爆炸前，泄漏持续的时间可能是几分钟，也可能是半个小时，甚至是 1 个小时。假设根据统计知道类似的泄漏 80% 能持续几分钟，20% 是持续半个小时以上，那么在 HAZOP 分析过程中，HAZOP 分析团队应该假设泄漏时间在 20% 的范围内。这样，可能发生火灾或爆炸的工艺物料的量就会增加，据此估计的事故是偏向保守的，据此设计的安全措施更多，装置更安全。

二、事故情景后果的选取原则

偏离造成的最终事故后果一般分为以下几类：

❶ 人员伤害；

❷ 财产损失;

❸ 物料泄漏;

❹ 环境污染;

❺ 生产中断;

❻ 质量问题;

❼ 社会影响;

❽ 出界区物料偏离;

❾ 偏离当后果的情况:大多数情况下后果重点在节点内,特殊情况下,可以扩展到本节点前后的 2 ~ 3 台设备,而且后果在节点外,且离当前正在分析的偏离过远时,偏离还需进一步分析。

后果中包括的操作性问题除了质量问题,还有其他操作性问题,如:工艺系统是否能够实现正常操作、是否便于开展维护和维修、是否会影响产品收率、是否增加额外的操作与检维修难度等。

在进行后果描述时,应该把对人、对环境和对生产的具体影响表述清楚。例如在精馏塔 T101 单元中,当进料流量降低,会导致精馏塔 T101 温度上升,重组分会上移,若产品是塔顶采出,则考虑是影响产品质量,如产品塔底采出,则考虑是产品收率减少,财产损失。在这个例子里,如果写成"当进料流量降低,会导致精馏塔 T101 温度上升,重组分会上移,精馏效果差"就是不恰当的描述,并没有描述到最终后果。

后果描述可以从以下两个方面入手:

❶ 从偏离开始,按照事故情景的发展过程和逻辑链条写出事故的后果,其中体现出事故情景不同阶段的状态转变过程,在上述的例子中,这个过程是精馏塔 T101 温度上升,重组分会上移,影响产品收率或产品质量。

❷ 尽量对后果做出具体的描述,例如使用相关设备的位号使描述更具体,并且尽可能列出相关的数值。

【任务实施】

通过任务学习,完成 HAZOP 分析后果识别相关练习题,以加深对后果识别相关知识点的掌握程度(工作任务单 7-5)。

要求:1. 按授课教师规定的人数,分成若干个小组(每组 5 ~ 7 人)。

2. 完成后,以小组为单位向全体分享。

3. 时间在 30min 内,成绩在 90 分以上。

工作任务五　HAZOP 分析后果识别		编号:7-5
考查内容:HAZOP 分析后果识别相关知识点		
姓名:	学号:	成绩:

1. 根据事故情景后果描述,对下列题进行判断。

(1) 安全事故的后果包括人员伤害,环境损害与声誉影响,商务损失(直接财产方面的损失等)。(　　　)

（2）正常生产时，精馏塔 T101 超压泄漏引发火灾爆炸事故，对于此后果，造成的财产方面的损失包括精馏塔 T101 内物料损失、精馏塔 T101 本身的破坏、周边设备的损坏、精馏塔 T101 物料不合格方面的损失、维修成本等。（　　）

（3）企业为了提高 HAZOP 分析效率，只需着重关心安全问题和对生产带来特别严重影响的事故情景即可。（　　）

（4）在识别后果时，不管导致偏离的原因是什么，我们只需找出偏离发生后导致的最终不利后果。（　　）

（5）当进行后果识别时，如果发现偏离造成的最严重的后果，发生的概率比较低，我们可以选择发生概率高但严重性不是最高的这个的后果为最终所选。（　　）

2. 根据事故情景后果选取原则，完成下面的习题。

后果类型选择

人员伤害		气相直排到环境中
财产损失		员工中毒昏迷
环境影响		设备损坏，接近报废
声誉影响		生产噪声过大
		媒体报道事故
		装置停车

✍ 【任务反馈】

简要说明本次任务的收获、感悟或疑问等。

1 我的收获

2 我的感悟

3 我的疑问

任务六 HAZOP 分析原因识别

任务目标	1. 了解初始原因与根原因的关系及区别，并会判断什么情况需分析到根原因 2. 了解常用原因分析方法 3. 能识别初始原因（设备仪表故障、人为因素、环境影响等）并会审核其可信性
任务描述	通过本任务的学习，知晓原因分析的步骤与常见的原因类别，并通过对原因分析方法的学习，可自行识别出原因，根据不同类型原因之间的关系与区别，合理地进行原因选择

📖【相关知识】

一、原因分析概述

【讲解视频】
HAZOP 原因

潜在危险的原因分析是 HAZOP 分析的重要环节，也是工艺事故调查的核心内容（《化工过程事故调查指南》，CCPS，2003）。原因分析过程可以增进对事故发生机制和各种原因的了解，同时有助于确定所需要的纠正措施。其重要性在于，不但有助于减少或避免当前特定事故的再度发生，还可以帮助设法减少或避免类似事故的重复发生。

原因是产生某种影响的条件或事件。换言之是对结果具有决定性作用或影响的任何事情。例如，对仪表信号通道的干扰事件、管道破裂、操作人员失误、管理不善或缺乏管理等。

过程安全事故可能是由单一原因或多个原因所致，通常原因可以分为如下几种。

1. 直接原因

直接原因指直接导致事故发生的原因。例如，某泄漏事故的直接原因是构件或设备的故障；某系统失调故障的直接原因是操作人员调整系统时出错。

如果直接原因得到纠正，则在同一地点再度发生相同事故时，可能加以避免。但是无法防止类似事故发生。

2. 起作用的原因

起作用的在原因指对事故的发生起作用，但其本身不会导致事故发生。

例如，有关泄漏的案例，起作用的原因可能是操作人员在检查和应对方面缺乏适当的训练，导致了更加严重的其他事故发生。在有关系统失调案例中，起作用的原因可能是由于交接班时段过度地分散了操作人员的注意力，导致在调整系统时没有注意重要的细节。

3. 根原因

该原因如果得到矫正，能防止由它所导致的事故或类似的事故再次发生。根原因不仅应用于预防当前事故的发生，还能适用于更广泛的事故类别。它是最根本的原因，并且可以通过逻辑分析方法识别和通过安全措施加以纠正。

例如，有关泄漏的案例，根原因可能是管理方没有实施有效的维修管理和控制。这种原因导致密封材料使用不当或部件预防性维修错误最终导致泄漏。在系统失调案例中，根原因可能是培训程序的问题，导致操作人员没有完全熟悉操作规程。因此容易被过度分散注意力的事情所干扰。

为了识别根原因，要识别一系列相互关联的事件及其原因。沿着这个因果事件序列应当一直追溯到根部，直到识别出能够矫正错误的根原因（通常根原因是管理上存在的某种缺陷）。识别和纠正根原因将会大幅度减少或消除该事故或类似事故复发的风险。

4. 初始原因

初始原因又称为初始事件或触发事件，是指在一个事故序列（一系列与该事故关联的事件链）中的第一个事件。初始原因和根原因的关系，最简单的解释就是根原因导致了初始原因的发生，或者说先有根原因才会有初始原因。HAZOP 分析和保护层分析领域将识别的原因明确界定为初始原因或初始事件。在进行 HAZOP 分析时，分析原因较常见的做法是找出工艺系统出现偏离的初始原因。初始原因类型一般包括外部事件、设备故障和人的失效，分类见表 7-6。

表 7-6   初始原因类型

类别	具体
外部事件	①地震、海啸、龙卷风、飓风、洪水、泥石流和滑坡等自然灾害 ② 空难 ③ 邻近工厂的重大事故 ④ 破坏或恐怖活动 ⑤ 雷击和外部火灾 ⑥ 其他外部事件
设备故障	① 控制系统失效 ②机械系统故障 a.磨损、疲劳或腐蚀造成的容器或管道失效 b.设计、技术规程或制造缺陷造成的容器或管道失效 c.超压造成的容器或管道失效 d.振动导致的失效 e.维护/维修不完善造成的失效 f.高温或低温，以及脆性断裂引起的失效 g.内部爆炸、分解或其他失效反应造成的失效 h.其他机械系统故障 ③ 公用工程故障 ④ 其他故障
人的失效	①对给出的条件或其他提示未能正确地观察或响应 ②未能按正确的顺序执行任务步骤 ③未能按操作规程进行操作（如误开或误关） ④维护失误 ⑤其他行为失效

为了在 HAZOP 分析中准确界定初始原因，还可以通过工厂工况的状态改变进行识别。

一个初始原因伴随着从正常工况向非正常工况的偏移，或者说初始原因是正常工况向非正常工况（非正常工况也称为偏离）偏移的分界点。失事点是非正常工况向紧急状态偏移分界点。

从以上对不同原因类型的解释可以看出，在 HAZOP 分析时所要求识别的初始原因与根原因既有区别又有联系，在进行 HAZOP 分析时，分析原因一般只找到初始原因（直接原因），所以把握原因分析的适当深度非常重要。

二、原因分析步骤

任何原因分析都包括如下 5 个步骤：

1. 搜集资料

原因分析的第一步是搜集密切相关的信息资料（包括数据），主要内容有：

❶ 原因出现之前的条件；

❷ 原因发生的过程；

❸ 原因之后发生的事件；

❹ 人员的参与（包括人员的行动）；

❺ 环境因素；

❻ 其他相关发生的事件等。

2. 评估

评估是原因分析的核心内容，针对问题的复杂程度和危险程度可以选用不同的分析方法或工具。评估过程主要是原因的识别过程，包含以下方面：

❶ 识别问题；

❷ 确定重大问题；

❸ 识别直接作用和围绕该问题的原因（条件或行动）；

❹ 识别为什么在当前执行步骤中存在该原因，并且沿着故障或事故发生的线索追溯到根原因。根原因是事故的根本缘由，如果加以纠正，在整个装置中将会在源头上减少或防止该事故的再度发生。

原因的多样性和复杂性使我们充分认识到，事故的根原因可能不止一个。识别根原因是一个反复的过程，难以一蹴而就，但是借助于科学的分析方法有助于识别根原因。

3. 措施

措施是对每一个确认的原因实施有效的纠正措施。该措施能减少一个问题再度发生的概率，并且改进了系统的可靠性和安全性。

4. 报告

报告指做出原因分析报告。其中应当包括对分析结果的讨论和解释，以及纠正措施。报告应当永久性存档，并且纳入安全管理和控制系统。

5. 跟踪

跟踪目标包括确认纠正措施是否已经有效地解决问题。实施审查能确保纠正措施的执行和从源头上预防事故。

以上 5 个步骤是开展原因调查的重要环节。在 HAZOP 分析过程中，主要涉及以上步骤中的搜集资料和评估。HAZOP 分析时，分析团队在会议讨论过程中识别相关事故剧情的原因，提出为避免出现相应的事故采取必要的措施。

【任务实施】

通过任务学习，完成 HAZOP 分析原因识别相关练习题，以加深对原因识别相关知识点的掌握程度（工作任务单 7-6）。

要求：1. 按授课教师规定的人数，分成若干个小组（每组 5 ～ 7 人）。

2. 完成后，以小组为单位向全体分享。

3. 时间在 30min 内，成绩在 90 分以上。

工作任务六　HAZOP 分析原因识别		编号：7-6
考查内容：HAZOP 分析原因识别相关知识点		
姓名：	学号：	成绩：

1. 根据原因的所属类型，完成下列连线题。

有缺陷或失效的材料

有缺陷或不适当的规程

电气或仪表干扰

外部事件　　　　有缺陷或失效的部件

设备故障　　　　违反了要求或疏忽了细节

人员失误　　　　天气或环境条件

不适当的人机界面

工作组织/计划不足

2. 完成下列判断题。

（1）在事故剧情中，初始原因的发生是由根原因导致的，也就是根原因发生在初始原因之前。（　　）

（2）在 HAZOP 分析时，我们只需分析出导致偏离的初始原因即可，如果细化到根原因将会导致太多的潜在危险剧情，花费太多的时间和精力。（　　）

（3）企业内的人员进行 HAZOP 分析培训时，分析到初始原因即可，不需深究根原因，因为深究到根原因，可能涉及一个重要的安全措施或者剧情过于复杂。（　　）

（4）在事故发生后进行事故调查时，必须追溯到确切的根原因，否则事故调查结果是不全面的。（　　）

（5）某装置在 5 年前的初设阶段进行过 HAZOP 分析，所以此时再做 HAZOP 分析时，通常不需要在重要部位考虑根原因的分析。（　　）

【任务反馈】

简要说明本次任务的收获、感悟或疑问等。

1	我的收获

2	我的感悟

3	我的疑问

任务七 HAZOP 分析现有安全措施识别

任务目标	1. 掌握独立保护层及其相关特性的含义 2. 能识别工程类安全措施，并会审核其有效性、独立性 3. 对于管理类等其他措施会审核其可用性
任务描述	通过对本任务的学习，知晓 HAZOP 分析目标确定的重要性

【相关知识】

一、现有安全措施的分析

【讲解视频】保护措施

安全措施类型可以分为：工艺设计、基本过程控制系统、关键报警及人员干预、安全仪表系统、安全泄放设施、物理防护、应急响应。在分析现有安全措施和建议安全措施时，分析团队应首先忽略现有安全措施（例如报警、关断或者放空减压等），在这个前提下分析事故剧情可能出现的最严重后果。这种分析方法的优点是能够提醒分析团队关注可能出现的最严重的后果，也就是最恶劣的事故剧情。分析团队进而分析已经存在的有效安全措施，还可以讨论现有安全措施是否切合实际，能否有效实施。分析团队继续考虑是否需要增加建议安全措施（有时可能是减少现有安全措施），从而确保分析团队所分析的安全措施对可能出现的最严重事故剧情能够做到有效的保护。安全措施可以是工程手段类型，也可以是管理程序类型。所有分析讨论的内容，在得到团队的一致确认后，应进行详细的记录。

在对分析危险或者可操作性问题进行定性风险评估时，要依赖分析团队对初始事件可能的概率和后果严重度的经验估计和判断。同时还必须正确估计和判断现有安全措施（包括建议安全措施）对降低初始事件发生频率和减缓后果严重度的作用，也就是安全措施降低事故剧情风险的作用。因此需要确定保护措施是否为独立的保护层，这样才能更精准地对风险进行评估。

二、独立保护层的概念

独立保护层（Independent Protection Layer，IPL）：能够阻止场景向不期望后果发展，并且独立于场景的初始事件或其他保护层的设备、系统或行动。独立保护层可以是一种工程措施（如联锁回路），也可以是一项行政管理措施（如带检查表的操作程序），还可以是操作人员的响应（如操作人员根据报警关闭阀门或停泵）。

所有的独立保护层都是安全措施。但是，安全措施不一定是独立保护层。安全措施必须满足以下三个基本条件，才能称为独立保护层。

❶ 有效性：具有足够的能力防止出现事故情景的后果。独立保护层的作用要么是防止初始原因发展成事故，要么能减缓事故的后果。如果独立保护层的作用是防止初始原因发展成事故，那么，它的响应失效率应该不超过10%，换言之，独立保护层应该至少有90%的可靠性。

❷ 独立性：与事故情景的初始原因相互独立，且不与同一事故情景中其他的独立保护层有交叉或关联。

❸ 能验证：独立保护层的效果能够通过某种方式进行验证，并可以记录在文件或图纸上。

常见的保护层有：

❶ 本质安全的设计：从根本上消除或减少工艺系统存在的危害。

❷ 基本过程控制系统（Basic Process Control System，BPCS）：执行持续监测和控制日常生产过程的控制系统，通过响应过程或操作人员的输入信号产生输出信息，使过程以期望的方式运行。BPCS由传感器、逻辑控制器和最终执行元件组成。

❸ 关键报警及人员干预：操作人员根据关键报警采取的应急操作或响应，例如，操作人员根据高液位报警及时关闭储罐的进料阀门。

❹ 安全仪表系统（Safety Instrumented System，SIS）：用来实现一个或几个仪表安全功能的仪表系统，可由传感器、逻辑控制器和最终元件的任何组合组成，如安全联锁等。

❺ 安全泄放设施：这类独立保护层有安全阀、爆破片、泄爆板等等，属于通过物理硬件实现安全的措施。

❻ 物理防护措施：可以有效减轻事故情景后果的一些措施，如围堰、防爆墙等。

通常不作为独立保护层的防护措施有：

❶ 培训和取证；

❷ 程序；

❸ 正常的测试和检测；

❹ 维护；

❺ 通信；

❻ 标识；

❼ 火灾保护。

在应急响应类保护措施中，包含了工厂应急响应、社区应急响应。工厂应急响应包含了消防队、人工喷水系统、工厂撤离等措施，通常不视为独立保护层，因为它们是在初始释放之后被激活，并且有太多因素（如时间延迟）影响了它们在减缓场景方面的整体有效性。社区应急响应包含了社区撤离和避难所等措施，通常也不被视为独立保护层，因为它们也是在初始释放之后被激活，并且有太多因素影响了它们在减缓场景方面的整体有效性。它们对工厂的工人没有提供任何保护。

【任务实施】

通过任务学习，完成 HAZOP 分析现有安全措施识别相关练习题，以加深对现有安全措施识别相关知识点的掌握程度（工作任务单 7-7）。

要求：1. 按授课教师规定的人数，分成若干个小组（每组 5 ～ 7 人）。

2. 完成后，以小组为单位向全体分享。

3. 时间在 30min 内，成绩在 90 分以上。

工作任务七　HAZOP 分析现有安全措施识别		编号：7-7
考查内容：HAZOP 分析现有安全措施识别相关知识点		
姓名：	学号：	成绩：
1. 对下列保护措施进行分类。 常见的独立保护层安全措施 通常不作为独立保护层的措施 		选项 ①关键报警及人员干预 ②正常测试与检测 ③安全培训及取证 ④基本过程控制系统 ⑤物理防护措施 ⑥程序及维护 ⑦本质安全设计 ⑧火灾保护及标识 ⑨社区应急响应 ⑩安全仪表系统

2. 根据保护措施的内容介绍，完成下面的连线题。

物理防护措施		罐的设计压力高于异常工况超压的压力
基本过程控制系统		罐液位高报警，现场人员及时处理
本质安全设计		罐内超压，罐顶安全阀起跳泄压，罐压恢复正常
关键报警及人员干预		塔顶超压，塔顶压力高高联锁动作，塔压恢复正常
安全仪表系统		罐液位过高，液位控制系统自动调节进料阀开度变小
安全泄放设施		罐区设置有围堰，阻止物料外泄到其他区域

3. 完成下列判断题。

（1）在分析设备超压时，我们可直接将设备的安全阀或爆破片等泄放设施，作为独立有效的保护层。（　）

（2）在分析罐区物料泄漏，有可能外泄到其他区域时，只要有围堰，就可避免物料外泄，所以围堰可直接作为一个独立有效的保护措施。（　）

（3）在确定了独立有效的保护措施后，我们也不能认为此保护措施100%可靠，也需要知道它的失效概率。（　）

（4）安全仪表系统与基本过程控制系统可放在一起，这样方便于企业管理，减少成本的投入。（　）

（5）在判断安全阀能否作为超压的独立保护措施时，我们需要核算安全阀的泄放能力，如果泄放能力达到要求，安全阀即可作为独立有效的保护措施，无需进行其他方面的考虑。（　）

（6）在选择有效报警及人员响应类的独立保护层时，人员要有清晰的报警信号和充分的时间采取行动。而且人员没有同时进行的其他工作任务，最终在所有期望的合理情况下，操作人员能采取所要求的行动。（　）

（7）以精馏塔T101单元为例，精馏塔T101进料阀门故障关小，导致进料流量变小，导致精馏塔T101温度上升，重组分上移，影响产品质量，此时进料流量高报警及人员响应可以作为一个独立的保护层。（　）

（8）以精馏塔T101单元为例，精馏塔T101进料阀门故障关小，导致进料流量变小，导致精馏塔T101温度上升，压力上升，潜在超压泄漏，火灾爆炸风险，此时选取进料流量高报警及人员响应为一个独立保护层时，精馏塔T101温度高报警及人员响应就不能作为一个独立的保护措施。（　）

【任务反馈】

简要说明本次任务的收获、感悟或疑问等。

1 我的收获

任务八　HAZOP 分析风险等级评估

任务目标	1. 了解 HAZOP 分析方法在风险评估过程中的使用
	2. 掌握后果严重性判定的方法，准确地判定出后果的严重程度
	3. 能准确地判定出不同类型初始原因发生的频率，并了解常见原因的失效频率
	4. 了解风险消减方法，能准确地利用独立保护层进行风险的消减
任务描述	按照 HAZOP 分析流程一步步地进行风险等级的评估工作，进行事故严重程度的判定和初始原因发生概率的选择，通过消减风险的方法，判断剩余风险是否可以接受

📖 【相关知识】

一、风险矩阵方法

风险是对事故发生的可能性和后果的严重程度的综合衡量。风险矩阵是将每个损失事件发生的可能性（L）和后果严重程度（S）两个要素结合起来，根据风险（R）在平面矩阵中位置，确定其风险等级。风险 R 的函数关系可表示为：$R=F（L，S）$。

风险矩阵方法非常依赖人员的经验和知识，由于分析团队中成员的经验和认识不同，评估某个事故剧情风险等级也会产生差异。需要注意的是：不能随意地调整可能性等级和严重性等级，更不能为了刻意强调某类危险或者风险，而有意主观地调整风险等级。HAZOP 分析中使用风险矩阵方法能够为评估现有安全措施能否将事故剧情风险降低到可接受水平，以及优化配置用于进一步降低风险的资源提供有效途径。

二、判断事故后果及严重性

根据 HAZOP 分析流程可知，在进行风险等级评估时，先确定偏离，识别出后果，然后对事故后果严重程度进行判断。例如，精馏塔 T101 压力高偏离，判断导致的严重后果时，可根据物料性质（MSDS 文件）知晓物料的理化性，最后可判断出该偏离导致的最严重的后果。

最严重的后果是精馏塔 T101 超压泄漏，遇火源引发火灾爆炸，造成人员伤亡。接下来从人员伤亡情况、财产损失、声誉影响这三方面来对事故后果严重程度进行判定。

❶ 人员伤亡情况：可参考偏离所在装置的巡检制度表来判断，在巡检制度表中，可知巡检人员数量，两次巡检间隔时间，以及在事故点现场停留时间，由此可判断出人员伤亡情况为界区内 1 ~ 2 人伤亡。

❷ 财产损失方面：首先确定爆炸半径，以此来判断波及的设备，根据设备清单内的设备单价，最终判断出财产损失区间为 200 万 ~ 1000 万元（设备损坏，但是还有剩余回收价值，因此计算财产损失时，是一个区间，不是一个固定值）。

❸ 环境方面的影响：装置安全工程师对事故后果造成的环境影响进行识别，包括对工作场所或周边环境带来的影响，以及释放事件是否会受到管理部门的通报或违反允许条件。

以上三方面判定完后，根据后果严重性等级评估表，进行后果严重性等级的判定。由此可判定出后果严重等级为：人员伤亡，界区内 1 ~ 2 人死亡，后果等级为 4；财产损失，100 万 ~ 1000 万元，后果等级为 3；环境影响，释放事件受到管理部门的通报或违反允许条件，后果等级为 3。

三、初始原因发生频率

根据 HAZOP 分析流程，在对后果严重性判定完成后，接下来进行原因和现有保护措施的识别以及初始原因发生频率的判定，从而确定事故发生的可能性，还是以精馏塔 T101 压力高这个偏离为例；在辅助软件中，为更加方便和系统性地学习，将初始原因分为了四大类：设备故障类、BPCS 失效类、公用工程失效类、人员误操作类。根据精馏塔 T101 单元 PID 图，可知精馏塔 T101 进料阀门故障关小，这个原因可作为精馏塔 T101 压力高这个偏离的初始原因，接下来找出针对此偏离的现有保护措施：

❶ 精馏塔 T101 设有温度高报警及人员响应；
❷ 精馏塔 T101 回流罐设置有安全阀。

此时该偏离的一个简单的事故情景已显现出。下一步进行事故发生可能性的判定（在不考虑任何保护措施时，初始原因发生的频率即事故发生的可能性），初始原因即初始事件（初始事件的英文全称为 Initiating Event，通常用缩略语 IE 来表示），附录四中列举了常见原因的失效频率表，可知此初始原因的失效频率值为 1×10^{-1}/ 年，可理解为 10 年出现 1 次失效情况。

四、风险的计算

风险可分为初始风险、降低后的风险、剩余风险。

1. 初始风险

在不考虑现有保护措施情况下，后果发生的可能性和严重性的结合。以精馏塔 T101 压力高这个偏离为例，判定完后果严重程度、后果发生的可能性，根据风险矩阵表（表 7-7），可判定出此偏离的初始风险等级为：

| 人员伤亡：高； | | 财产损失：中； | | 环境影响：中。 | | |

表 7-7 风险矩阵表

后果等级	5	低	中	中	高	高	很高	很高
	4	低	低	中	中	高	高	很高
	3	低	低	低	中	中	中	高
	2	低	低	低	低	中	中	中
	1	低	低	低	低	低	中	中
频率等级（L）		1 $10^{-6} \sim 10^{-7}$	2 $10^{-5} \sim 10^{-6}$	3 $10^{-4} \sim 10^{-5}$	4 $10^{-3} \sim 10^{-4}$	5 $10^{-2} \sim 10^{-3}$	6 $10^{-1} \sim 10^{-2}$	7 $1 \sim 10^{-1}$

风险等级说明：

低：不需采取行动；中：可选择性地采取行动；高：选择合适的时机采取行动；很高：立即采取行动

2. 降低后的风险

降低后的风险是事故发生概率乘以保护措施失效概率后的风险。

事故发生概率即初始原因的失效概率，失效概率值为 1×10^{-1}/年。

【讲解视频】
保护措施失效概率

保护措施失效概率即要求时的失效概率（可以简称为 PFD，Probability of Failure on Demand）：系统要求独立保护层起作用时，独立保护层失效，不能完成一个具体的功能的概率。PFD 是一个没有量纲的数值，介于 0 和 1 之间，PFD 值越小，说明所对应的独立保护层的失效概率越低，它的可靠性越高。因为此偏离有两个独立的保护措施，可用下列方法计算降低后的风险。

根据风险矩阵表，可判定出此偏离的降低后的风险等级为：

| 人员伤亡：中； | | 财产损失：低； | | 环境影响：低。 | | |

3. 剩余风险

降低后的风险确定之后，接下来就要判断降低后的风险是否可以接受，根据风险矩阵和多数化工企业相关要求，当人员风险等级为"12"时，此风险是不可接受的，所以需要增加建议措施来降低风险，最终判断增加完建议措施后的剩余风险是否可接受。根据 PID 图纸、工艺说明，可提出合理的建议措施为增加精馏塔 T101 压力高联锁。所选取的 PFD 值为 1×10^{-1}，根据风险矩阵表，可判定出此偏离的剩余风险等级为：

| 人员伤亡：低； | | 财产损失：低； | | 环境影响：低。 | | |

根据风险矩阵表可判断出剩余风险是可以接受的。至此，由 BPCS 失效类的单个原因导致此偏离发生的一条完整事故情景已分析完成。此条事故剧情的 HAZOP 分析表格如表 7-8 所示。

表 7-8　HAZOP 分析记录表

序号	偏离	原因	后果	L	S	RR	安全措施	L1	S1	RR1	建议措施	L2	S2	RR2
1.1	精馏塔T101压力过高	精馏塔T101进料阀门故障关小	导致精馏塔T101温度上升，压力升高，严重时超压，物料自薄弱环节泄漏，遇火源发生火灾爆炸，造成1～2名巡检人员伤亡，环境污染，财产损失较大	6	4	高	1.精馏塔T101设有温度高报警及人员响应；2.精馏塔T101回流罐设有安全阀，安全泄放	3	4	中	建议精馏塔T101增设压力高联锁（DCS）	2	4	低

⟱ 【任务实施】───────────────────

通过任务学习，完成 HAZOP 分析评估风险等级相关练习题，以加深对评估风险等级相关知识点的掌握程度（工作任务单 7-8）。

要求：1. 按授课教师规定的人数，分成若干个小组（每组 5～7 人）。

2. 完成后，以小组为单位向全体分享。

3. 时间在 30min 内，成绩在 90 分以上。

	工作任务八　HAZOP 分析风险等级评估　　　编号：7-8	
考查内容：HAZOP 分析风险等级评估相关知识点		
姓名：	学号：	成绩：

1. 完成下列判断题。

（1）半定量 HAZOP 分析较客观地衡量安全措施和建议项的有效性，对事故情景不再是简单性的认知。（　　　）

（2）在进行风险消减时，如果现有安全措施不能将风险降到可接受的程度，那么可以增加多个建议措施将风险消减到最低。（　　　）

（3）企业在做 HAZOP 分析时，需要用到统一的风险标准，这样可以保证 HAZOP 分析质量。（　　　）

（4）风险等级就是事故严重程度。（　　　）

（5）在风险评估中，有效的保护措施可以降低事故的严重性。（　　　）

2. 请对下列事故剧情进行风险评估。

序号	初始原因	偏离	后果	现有保护措施	建议措施
1	精馏塔T101进料阀门故障关小	精馏塔T101进料流量过低/无	导致精馏塔T101温度上升，压力升高，严重时超压，物料自薄弱环节泄漏，遇火源发生火灾爆炸，造成1～2名巡检人员伤亡，环境污染，财产损失较大	1.精馏塔T101设有温度高报警及人员响应；2.精馏塔T101回流罐设有安全阀，安全泄放	

（1）偏离"精馏塔 T101 进料流量过低 / 无"的后果严重性：人员伤亡、财产损失、环境污染对应的严重程度为（   ）。

A. 界区内 1 ～ 2 人重伤；200 万～ 1000 万元；重大泄漏，给工作场所外带来严重影响

B. 界区内 1 ～ 2 人伤亡；200 万～ 500 万元；重大泄漏，给工作场所外带来严重的环境影响，且会导致直接或潜在的健康危害

C. 界区内 1 ～ 2 人伤亡；200 万～ 1000 万元；释放事件受到管理部门的通报或违反允许条件

D. 界区外 1 ～ 2 人重伤；1000 万～ 5000 万元；重大泄漏，给工作场所外带来严重的环境影响，且会导致直接或潜在的健康危害

（2）偏离"精馏塔 T101 进料流量过低 / 无"的初始原因类别为（   ）。

A. BPCS 失效类　　　　B. 设备故障类　　　　C. 人员误操作类　　　　D. 公用工程失效类

（3）偏离"精馏塔 T101 进料流量过低 / 无"的初始原因失效概率为（   ）。

A. 1×10^{0} / 年　　　　B. 1×10^{-1} / 年　　　　C. 1×10^{-2} / 年　　　　D. 1×10^{-3} / 年

（4）偏离"精馏塔 T101 进料流量过低 / 无"的初始风险为（   ）。

A. 高，中，中　　　　B. 高，高，中　　　　C. 高，中，高　　　　D. 高，高，高

（5）保护措施"设有温度高报警及人员响应"和"设置有安全阀"的失效概率分别为（   ）。

A. 1×10^{-2}, 1×10^{-1}　　　B. 1×10^{-1}, 1×10^{-2}　　　C. 1×10^{-1}, 1×10^{-1}　　　D. 1×10^{0}, 1×10^{-1}

（6）偏离"精馏塔 T101 进料流量过低 / 无"是否需要增加建议措施（   ），如需要请完成下面的⑦、⑧题，如不需要，请跳过

A. 是　　　　　　B. 否

（7）偏离"精馏塔 T101 进料流量过低 / 无"建议措施为（   ）。

A. 增加流量低报警　　B. 增加压力高联锁　　C. 增加压力高报警　　D. 增加流量低联锁

（8）偏离"精馏塔 T101 进料流量过低 / 无"建议措施失效概率为（   ）。

A. 1×10^{0}　　　　　　B. 1×10^{-1}　　　　　　C. 1×10^{-2}　　　　　　D. 1×10^{-3}

3. 请补充下列内容。

风险是对事故发生的（   ）和后果的（   ）的综合衡量。根据风险（R）在平面矩阵中的位置，确定其风险等级。事故的严重性可从（   ）、（   ）、（   ）三个方面来考虑。需要注意的是：在识别安全措施或提出建议措施进行消减时，降低的是事件的（   ）。

为更加方便和系统性地学习，将初始原因分为（   ）、（   ）、（   ）、（   ）四大类。

✒ 【任务反馈】 ━━━━━━━━━━━━━━━━━━━━━━━━━━━━━━

简要说明本次任务的收获、感悟或疑问等。

1 我的收获

2 我的感悟

任务九 HAZOP 分析建议措施提出

任务目标	1. 了解提出的建议措施是否具备合理性与可行性 2. 了解建议措施提出的基本要求 3. 了解消除与控制过程危害的种类与措施选择的优先级顺序
任务描述	通过对本任务的学习，知晓建议措施对风险的消减作用是否合适

【相关知识】

一、建议措施分类

建议措施是指所提议的消除或控制危险的措施，改进设计、操作规程，增加或减少安全保护措施，或者进一步进行分析研究等。在 HAZOP 分析过程中，如果现有安全措施不足以将事故剧情的风险降低到可接受的水平，HAZOP 分析团队应提出必要的建议措施降低风险，确保通过现有安全措施和建议措施的实施使风险降低到可接受水平。建议措施主要分为三大类：工程措施、行政措施、进一步研究的提议。

1. 工程措施

（1）仪表类

❶ 安装一个指示（远传或就地指示）；

❷ 增加一个报警（高报、高高报、低报、低低报）；

❸ 安装一个自动调节回路；

❹ 增加一个联锁系统。

（2）安全设施类　安全阀、止逆阀、阻火器、可燃气体报警仪、图像视频监控、消防设施等。

（3）被动安全措施类　溢流管线、最小流量返回管线、事故罐、围堰等。

2. 行政措施

❶ 更新 P&ID 图纸；

❷ 增加 / 修改操作规程、维修规程；

❸ 增加应急预案；

❹改进其他的有针对性的管理手段等。

3. 进一步研究的提议

提出的改进措施未必一定要解决审查中发现的问题，可以提出改进方向或建议成立专家组另行研究。

二、建议措施要求

提出的建议措施应符合以下规定：

❶建议措施应起到减缓后果的严重程度或降低事故剧情发生的可能性作用。

❷应优先选择可靠性和经济性较高的预防性安全措施。

❸防止措施优先于减缓措施。

❹常规安全措施优先于功能安全仪表（SIS）。

❺设计阶段建议措施应以采取工程措施为优先。在资源条件有限的情况下，加强操作管理也是消除隐患的一种方法。

❻在役装置建议措施应以采取行政措施为优先。特别是高危隐患，应及时停车采取工程整改。

❼对于 HAZOP 分析会上无法明确的建议措施，暂时无条件开展的部分，或不适合应用 HAZOP 方法分析的部分，可提出开展下一步工作的建议。

一条好的建议措施应：能消减风险；具有针对性、技术可行性、经济合理性。针对成本、时间的考虑，应由管理层进行平衡。

用表 7-9 举例的事故情景说明如何提出建议项。

表 7-9　事故情景表示例

原因	偏离	后果	保护措施	建议措施
精馏塔 T101 进料阀门故障关小	精馏塔 T101 压力过高	导致精馏塔 T101 温度上升，压力升高，严重时超压，物料自薄弱环节泄漏，遇火源发生火灾爆炸，造成 1～2 名巡检人员伤亡，环境污染，财产损失较大	1. 精馏塔 T101 设有温度高报警及人员响应；2. 精馏塔 T101 回流罐设有安全阀，安全泄放	建议精馏塔 T101 增设压力高联锁（DCS）

首先，考虑能否提出措施消除导致事故情景的原因。在上述事故情景中，造成事故情景的原因是"精馏塔 T101 进料阀门故障关小"，如果能够防止该阀门出现故障，就能从源头上消除此事故情景。因此，首先讨论一下，看看是否可以采取措施来避免该阀门出现故障。例如，可以将精馏塔 T101 进料阀门纳入工厂的关键设备清单，定期进行维护，以减少阀门出现故障的频率。这类措施容易采纳，但它是否有效（落实到位）取决于很多与人相关的因素，可靠性不高，所以此措施不是最佳选择。

其次，考虑能否采取措施避免出现偏离。在上述事故情景中，偏离是"精馏塔 T101 压力过高"。可以讨论针对此偏离，能否采取什么措施。在这个实际的例子中，只要阀门关闭，就会出现此偏离，较难提出好的措施来避免出现此偏离。

最后，考虑增加措施避免出现事故情景的后果，或者减轻其后果。在上述事故情景中，偏离会造成精馏塔 T101 温度上升，压力升高，严重时超压，物料自薄弱环节泄漏，遇火源发生火灾爆炸，造成 1～2 名巡检人员伤亡，环境污染，财产损失较大。因此，提议"建议精馏塔 T101 增设压力高联锁，当压力达到设定值时自动关闭热源阀门，打开精馏塔 T101 放空阀门"，此建议项可以避免精馏塔 T101 压力持续上升，防止严重后果的发生。

三、建议措施的提出

在 HAZOP 分析时，应根据降低风险的要求提出适当的建议措施。可以要求对当前的设计进行更改，增加或去掉控制回路、阀门、管道或设备。例如，可以增加仪表、报警或联锁，也可以增加阀门、泄压装置或隔离装置。可以去掉一些影响安全的硬件，例如，可以建议取消放空管上的手动阀、取消安全阀入口的手动阀门、拆除旁路（或应有盲板隔离）或拆除保温层等。

在分析时，如果缺少相关资料或不能马上得出结论，可以要求在分析工作之外对设计做进一步的确认。例如，分析小组可以要求对储罐的溢流管尺寸进行核算，确认其满足溢流的要求；要求对安全阀的释放能力进行核实，或对管道内的流速进行核算，诸如此类。

除了硬件方面的建议项，分析小组还可以提出行政管理措施。例如，要求使用检查表样式的操作程序，要求对关键的操作步骤执行双人复核（其中一方最好是班长或管理人员），要求修订现有操作程序（增补特定的、具体的安全要求），增加特定的培训要求等。

在有些情况下，分析小组还可以建议对风险高、后果极严重的事故情景进一步开展定量风险评估（QRA）。

在 HAZOP 分析过程中，提出建议项时需要考虑以下几点：

❶ 根据风险评估的结论，决定是否增加新的建议措施。如果事故情景的当前风险处于不可接受的风险水平，则必须增加新的建议措施将风险降到可以接受的水平。反之，如果当前风险已经很低，就不必再增加新的措施。总之，应该以风险评估的结论作为新增建议措施的依据。

❷ 不要提那些不打算去执行的建议措施。如果分析小组成员对所提出的建议措施有异议，应该继续讨论，完善建议措施或找到替代的建议措施，直到分析小组成员对所提出的建议措施达成共识。所提出的建议措施要尽可能贴近企业的生产实际。分析小组成员如果对建议措施有异议，应该在讨论中坦率提出来，避免出现讨论会上说一套，今后落实时做另一套的尴尬局面（建议措施一旦写进分析报告，除非今后重新审查并书面批准，否则在落实时不允许另做一套）。

❸ 建议措施应该是可以执行的。不应该在分析报告中出现"提高员工安全意识""加强安全管理""加强员工培训""增强安全责任心"这一类笼统而抽象的建议措施。所有的建议措施都应该是可以执行的，换言之，可以衡量其执行的效果并确认它们已经按照要求完成了。例如，"在储罐 V-100 上增加一个安全阀，并释放至安全地点；并编制此安全阀的计算书。"又如，"修订操作程序，要求操作人员在往反应器 R-101 进甲苯之前，先对反应器进行氮气置换，置换后反应器内的残留氧含量不超过 5%。"这些建议项是可以执行的，也是可以度量的。

❹ 建议措施的描述应该尽可能详细。把建议措施描述得足够详细，有助于交流与落实

这些建议措施。在描述建议措施时，尽量使用设备和仪表的位号。如果把一条建议措施单独列出来（与事故情景的原因、偏离描述和后果等分开），也不影响对它的理解，说明它已经足够详细了。表 7-10 中列出了一些建议项，其中左列中的建议措施都太笼统，应该如右列中的建议措施那样，有足够详细的描述。

表 7-10　建议措施的描述对比

太笼统的描述（不好）	较好的描述
增加压力表	在储罐 V-101 出口管道上增加一个就地压力表，供现场操作人员读取储罐内的压力
核算安全阀的释放能力	核算储罐 V-102 上安全阀 PSV-106 的释放能力，编制计算书；应考虑外部火灾的泄压要求
检查确认罐的液位	修改操作程序 X-123，要求每个班组都确认一次：确认罐 TK-108 的液位不超过 40%

【任务实施】

通过任务学习，完成 HAZOP 分析建议措施提出的相关练习题，以加深对建议措施提出相关知识点的掌握程度（工作任务单 7-9）。

要求：1. 按授课教师规定的人数，分成若干个小组（每组 5 ～ 7 人）。

2. 完成后，以小组为单位向全体分享。

3. 时间在 30min 内，成绩在 90 分以上。

工作任务九　HAZOP 分析建议措施提出　　编号：7-9		
考查内容：建议措施的类型及提出的要求		
姓名：	学号：	成绩：

1. 通过连线的方式，请将下列建议措施、建议措施类型一一对应。

建议措施类型	建议措施
工程措施	进一步确认该管段的压力等级和材质，如存在问题更换该管段
行政措施	为了便于操作工监测，在容器V-101北侧增加一个现场过程指示仪表(PI)
进一步研究的提议	修改维修计划Q-30，将引擎QM350A/B的润滑油更换周期从两个月一次改为每月一次

2. 请判断下列表述是否正确。

（1）应优先选择可靠性和经济性较高的减缓型安全措施。（　　）

（2）建议措施应起到减缓后果的严重程度或降低事故剧情发生的可能性作用。（　　）

（3）在役装置建议措施应以采取工程措施为优先。（　　）

（4）设计阶段建议措施应采取工程措施为优先。（　　）

（5）对于 HAZOP 分析会上无法明确的建议措施，暂时无条件开展的部分，或不适合应用 HAZOP 方法分析的部分，可提出开展下一步工作的建议。（　　）

（6）一条好的建议措施应：能消减风险；具有针对性、技术可行性、经济合理性。针对成本、时间的考虑，应由管理层进行平衡。（　　）

（7）在 HAZOP 分析过程中，如果现有安全措施足以将事故剧情的风险降低到可接受的水平，HAZOP 分析团队也应提出必要的建议措施。（　　）

3. 根据提示框，补全建议措施概述。

在建议新的安全措施前，HAZOP 分析团队应首先（　　）。并不是所有的事故剧情都需要提出（　　），一般来讲，只有当分析团队认为在实施了（　　）之后，剩余风险仍然超过（　　）时，才考虑建议措施。

选项：【建议措施】【现有安全措施】【可接受标准】【审查风险】。

✎ 【任务反馈】────────────────

简要说明本次任务的收获、感悟或疑问等。

1 我的收获

2 我的感悟

3 我的疑问

姓名		学号		班级	
组别		组长及成员			

项目成绩：　　　　　总成绩：

任务	任务一	任务二	任务三
成绩			
任务	任务四	任务五	任务六
成绩			
任务	任务七	任务八	任务九
成绩			

自我评价		
维度	自我评价内容	评分
知识	1. 了解"参数优先"分析顺序和"引导词优先"分析顺序（5分）	
	2. 了解节点划分的方法与意义，并审核其合理性（5分）	
	3. 了解设计意图描述的必要性与描述方法（5分）	
	4. 了解偏离的定义与选择原则（5分）	
	5. 了解后果的选取原则与识别方向（5分）	
	6. 了解原因包含的类别、在剧情中的作用和相关原因之间的关系与区别（5分）	
	7. 了解安全措施的种类。知晓独立保护层的概念和需具备的特性（5分）	
	8. 知晓风险评估流程与方法，对事故严重性和初始原因概率进行判定（5分）	
	9. 了解建议措施提出的时机与选择方法（5分）	
能力	1. 能对所分析项目的分析步骤方法进行合理的选择（5分）	
	2. 能对不同类型装置进行节点划分，对节点内存在的剧情进行深度挖掘（5分）	
	3. 能对所分析的范围进行清晰的设计意图描述（5分）	
	4. 能对不同类型工艺的偏离进行合理识别（5分）	
	5. 能对偏离导致的事故后果进行准确识别（5分）	
	6. 能找出导致偏离的初始原因，并能判断出在哪种情况下需要识别出根原因（5分）	
	7. 能够识别出真正的独立保护层，并确定其是否为有效和独立的（5分）	
	8. 掌握风险评估的方法，对风险进行合理、准确的评估（5分）	
	9. 能准确地提出建议措施，并且是合理、可实施的（5分）	

维度	自我评价内容	评分
素质	1. 通过学习 HAZOP 分析方法，可识别潜在的安全隐患，增加对风险的认知能力（5分）	
	2. 通过学习 HAZOP 分析方法，提升化工安全意识，建立危害辨识与风险管控的思维，增强对潜在风险的识别能力（5分）	
总分		
我的反思	我的收获	
	我遇到的问题	
	我最感兴趣的部分	
	其他	

项目八
HAZOP 分析报告编制与文档跟踪

 【学习目标】

知识目标	1. 了解 HAZOP 分析记录的方法； 2. 掌握 HAZOP 分析报告的组成和编写注意事项； 3. 掌握 HAZOP 分析文档签署和存档要求； 4. 了解 HAZOP 分析报告的后续跟踪和职责。
能力目标	1. 能够根据分析要求选择合适的 HAZOP 分析记录方法进行分析记录； 2. 能够根据 HAZOP 分析记录编制 HAZOP 分析报告； 3. 能够合理利用 HAZOP 分析报告，跟踪建议项落实情况； 4. 能够对 HAZOP 分析报告进行审核。
素质目标	1. 知晓 HAZOP 分析的重要性和规范性。 2. 增强安全意识、责任意识和注重细节的意识。

 【项目导言】

　　HAZOP 分析的主要优势在于它是一种系统、规范且文档化的方法。为从 HAZOP 分析中得到最大收益，应做好分析结果记录、形成文档并做好后续管理跟踪。HAZOP 分析主席负责确保每次会议均有适当的记录并形成文件。会议过程中由记录员 /HAZOP 分析秘书负责记录工作。HAZOP 分析报告是 HAZOP 分析讨论成果的载体，也是后续利用分析成果的依据。

【项目实施】

任务安排列表

任务名称	总体要求	工作任务单	建议课时
任务一 HAZOP 分析记录	通过该任务的学习，掌握 HAZOP 分析记录方法和要求	8-1	1
任务二 编制 HAZOP 分析报告	通过该任务的学习，掌握 HAZOP 分析报告的编制方法	8-2	1
任务三 HAZOP 分析文档签署和存档	通过该任务的学习，掌握 HAZOP 分析文档签署和存档要求	8-3	1
任务四 HAZOP 分析报告的后续跟踪和利用	通过该任务的学习，掌握 HAZOP 分析报告的后续跟踪和利用	8-4	1

任务一　HAZOP 分析记录

任务目标	1. 了解 HAZOP 分析记录要求 2. 掌握 HAZOP 分析记录方法
任务描述	通过对该任务的学习，掌握 HAZOP 分析记录方法及注意事项

【相关知识】

HAZOP 分析最主要的环节是分析小组全体成员互动讨论的过程（类似于头脑风暴）。分析小组在讨论过程中，需要及时将相关的讨论结果记录在 HAZOP 分析记录表中，这一工作主要由 HAZOP 分析秘书完成。

在进行分析记录时，应关注 HAZOP 分析记录表是否记录了所有有意义的偏差。在讨论这些偏差时，HAZOP 分析秘书应完整记录与会者达成共识、取得一致意见的所有信息，包括每个偏差产生的原因及后果、风险类别、安全措施（若有）、建议措施（若有）等。

一、HAZOP 分析记录表

通常，每一个节点有一张自己独立的分析表格。不同的企业在开展 HAZOP 分析时所采用的工作表可能略有差别，但主要的栏目通常大同小异。无论采用什么形式的记录表格，重要的是确保记录下所有必要的信息。表 8-1 是一张最简单的 HAZOP 分析记录表。

表 8-1　最简单的 HAZOP 分析记录表

节点名称										
研究日期										
参加人员										
节点描述										
设计意图										
运行条件										
流程图										

序号	偏离	原因	后果	L	S	RR	安全措施	RR1	建议措施	RR2
1.1										
1.2										
1.3										
1.4										
1.5										
1.6										
1.7										
1.8										
1.9										
1.10										

分析记录表中应说明项目和节点的基本情况，包括项目名称、评估日期、节点编号、节点名称、节点描述、设计意图和本节点对应的图纸编号等（具体内容参见初级教材）。

HAZOP 分析工作表的主体部分包括若干列。以表 8-1 为例，从左到右依次是"序号""偏离""原因""后果""L""S""RR""安全措施""RR1""建议措施""RR2"。此外，有些项目或公司要求在分析过程中识别各个事故剧情的风险程度，在记录表中增加填写风险等级的列（具体内容参见初级教材）。

在 HAZOP 分析记录时，为提高分析记录表的准确性和可利用性，进行编号或者建议项编号时最好采用 X-Y 的形式。例如，编号"2-3"代表第 2 个节点中的第 3 种事故情景，编号"100-1-2"代表节点 100-1 中的第 2 种事故情景。建议项的编号是"3-2"，代表这是第 3 个节点中的第 2 条建议项。这种记录方式可以确保 HAZOP 分析报告中的每一个编号都是唯一的，而且便于查找及建议跟踪落实。

二、HAZOP 分析方法

从本质上说，HAZOP 分析用于工艺过程危险识别，这就决定了其内涵是一致的，但从分析结果的表现形式上，HAZOP 分析可以分为以下四种方法。

1. 原因到原因分析法（CBC）

在原因到原因的方法中，原因、后果、现有安全措施、建议之间有准确的对应关系。分析组可以找出某一偏离的各种原因，每种原因对应着某个（或几个）后果及其相应的现有安全措施。特点：分析准确，减少歧义。示例如表 8-2 所示。

表 8-2　原因到原因的 HAZOP 分析记录表

偏离	原因	后果	现有安全措施	建议
偏离 1	原因 1	后果 1 后果 2	现有安全措施 1 现有安全措施 2 现有安全措施 3	不需要
	原因 2	后果 1	现有安全措施 1	建议 1
	原因 3	后果 2	无	建议 2

2. 偏离到偏离分析法（DBD）

在偏离到偏离的方法中，所有的原因、后果、现有安全措施、建议都与一个特定的偏离联系在一起，但该偏离下单个的原因、后果、现有安全措施之间没有关系。因此，对某个偏离所列出的所有原因并不一定产生所列出的所有后果，即某偏离的原因 / 后果 / 现有安全措施之间没有对应关系。用 DBD 方法得到的 HAZOP 分析文件表需要阅读者自己推断原因、后果、现有安全措施及建议之间的关系。特点：省时、文件简短。示例如表 8-3 所示。

表 8-3　偏离到偏离的 HAZOP 分析记录表

偏离	原因	后果	现有安全措施	建议
偏离 1	原因 1 原因 2 原因 3	后果 1 后果 2	现有安全措施 1 现有安全措施 2 现有安全措施 3	建议 1 建议 2

3. 只有异常情况的 HAZOP 分析法

该方法表中包含那些分析团队认为原因可靠、后果严重的偏离。优点是分析时间及表格长度大大缩短，缺点是分析不完整。

4. 只有建议的 HAZOP 分析法

本方法只记录分析团队作出的提高安全的建议，这些建议可供风险管理决策使用。这种方法能最大地减少 HAZOP 分析文件的长度，节省大量时间，但无法显示分析的质量。

在确定采用上述某种方法时，应考虑法规要求、合同要求、用户政策、跟踪和审核需要、所关注系统的风险等级、可用的时间和资源等因素。

【任务实施】

通过任务学习，完成 HAZOP 分析记录相关练习题，以加深对分析记录方法和要求相关知识点的掌握程度（工作任务单 8-1）。

要求：1. 按授课教师规定的人数，分成若干个小组（每组 5 ~ 7 人）。

2. 完成后，以小组为单位向全体分享。

3. 时间在 30min 内，成绩在 90 分以上。

工作任务一　HAZOP 分析记录		编号：8-1
考查内容：HAZOP 分析记录方法和要求		
姓名：	学号：	成绩：

1. 请将下列空缺部分补充完整。

在进行分析记录时，应关注 HAZOP 分析记录表是否记录了所有有意义的（　　）。在讨论这些偏差时，HAZOP 分析秘书应完整记录与会者达成共识、取得一致意见的所有信息，包括每个偏差产生的（　　）及（　　）、（　　）、（　　）、（　　）等。

2. 简要描述 HAZOP 分析的四种方法。

【任务反馈】

简要说明本次任务的收获、感悟或疑问等。

1 我的收获

2 我的感悟

3 我的疑问

任务二 编制 HAZOP 分析报告

任务目标	1. 掌握 HAZOP 分析报告的组成和编制要求 2. 掌握 HAZOP 分析报告编写注意事项 3. 掌握 HAZOP 分析报告的审核要求
任务描述	通过对该任务的学习，掌握 HAZOP 分析报告的编制以及 HAZOP 分析报告的审核

【相关知识】

一、HAZOP 分析报告

分析报告是 HAZOP 分析成果的载体，也是后续利用分析成果的依据。分析报告应该准确、完整和表述清晰。HAZOP 分析报告一般包括以下部分：

❶ 封面，包括编制人、编制日期、版次等；

❷ 目录；

❸ 正文，至少包括以下内容：项目概述、工艺描述、HAZOP 分析程序、HAZOP 分析团队人员信息、分析范围、分析目标和节点划分、风险可接受标准、总体性建议、建议措施说明；

❹ 附件，至少包括以下内容：带有节点划分的 P&ID、建议措施汇总表、技术资料清单、HAZOP 分析记录表（具体内容参见初级教材）。

HAZOP 分析报告编制完成后，还应注意检查是否包含以下内容：

❶ 识别出的危险与可操作性问题的详情，以及相应的保护措施的细节；

❷ 如果有必要，对需要采取不同技术进行深入研究的设计问题提出建议；

❸ 对分析期间所发现的不确定情况的处理行动；

❹ 基于分析团队具有的系统相关知识，对发现的问题提出的建议措施（若在分析范围内）；

❺ 对操作和维护程序中需要阐述的关键点的提示性记录；

❻ 参加每次会议的 HAZOP 分析团队成员名单；

❼ 所有分析节点的清单以及排除系统某部分的基本原因；

❽ HAZOP 分析团队使用的所有图纸、说明书、数据表和报告等清单（包括引用的版本号）。

二、HAZOP 分析报告编写注意事项

一方面，HAZOP 分析报告是一份非常正式的文件，如果不幸发生事故，它会成为一份法律文件。另一方面，它又不是完全意义上的受控文件（过于严格控制此文件，会妨碍正常

使用，甚至失去编制它的意义），会被不同的人广泛使用，这一点对保护企业的商业机密提出了挑战。在编写分析报告时，可以参考以下注意事项：

（1）报告的内容要准确、清晰　准确性是编写 HAZOP 分析报告的基本要求。HAZOP 分析报告是给用户使用的，清晰表达才能避免用户误解。报告中涉及的工艺参数应尽量准确，设备位号、阀门和仪表应尽量使用位号表示，对事故情景的描述应表达清楚、逻辑明晰。

（2）应便于后续使用　在开车前安全审查等阶段，需要利用 HAZOP 分析报告，来确认所要求的安全措施是否已经完成。因此，最好使用将每一条现有措施和建议项分行列出，便于后续的跟踪落实。

（3）建议项应该可以执行和度量　考虑到后续落实以及落实确认，建议项应该包含足够信息，并且清晰，容易理解；还必须是有效的、可以执行和可以度量的。例如，"提高员工的硫化氢安全意识"这样的建议项，就难以度量，也很难衡量它是否已经落实到位了。相反，"在新员工的入职培训材料中，增加硫化氢危害的培训内容"是可以执行和度量的建议项。

（4）避免包含敏感信息　HAZOP 分析报告发出后，可能会有很多不应该知道这些技术机密的人都使用它。在编写分析报告时，应该特别留意不要将敏感信息写进报告中，例如属于技术机密的工艺技术方案、关键参数、配方中的关键组分、需要保密的操作步骤等。根据企业保密的要求，在讨论过程中，通常应该坚持"只索取必须用到的信息资料"这一原则。如果必须写入涉及技术机密的内容，应该尽可能采用代码或模糊处理等方式，以防泄密而给企业带来损失。

HAZOP 分析的报告初稿完成后，应分发给 HAZOP 分析团队成员审阅，HAZOP 分析主席根据团队成员反馈意见进行修改。修改完毕，经所有团队成员签字确认后，提交给项目委托方、后续行动／建议的负责人及其他相关人员。对于一个比较简单的化工过程，HAZOP 分析后制作报告的时间需要 2 ~ 6 天；对于一个比较复杂的化工过程，HAZOP 分析后制作报告的时间需要 2 ~ 6 个星期。如果使用 HAZOP 分析计算机软件，一般会节省一些制作报告的时间。

最终报告副本提交给哪些人员取决于公司的内部政策或规章要求，但一般应包括项目经理、HAZOP 分析主席以及后续行动／建议的负责人。

【任务实施】

通过任务学习，完成 HAZOP 分析报告的编制相关练习题，以加深对分析报告的编制相关知识点的掌握程度（工作任务单 8-2）。

要求：1. 按授课教师规定的人数，分成若干个小组（每组 5 ~ 7 人）。

2. 完成后，以小组为单位向全体分享。

3. 时间在 30min 内，成绩在 90 分以上。

工作任务二　编制 HAZOP 分析报告		编号：8-2
考查内容：分析报告的编制		
姓名：	学号：	成绩：

1.请将下列空缺部分补充完整（填入相应选项即可）。

分析报告是HAZOP分析成果的（　　），也是后续利用分析成果的（　　）。分析报告应该准确、完整和表述清晰。HAZOP分析报告一般包括以下部分：

①封面，包括编制人、编制日期、版次等；②目录；③正文，至少包括以下内容：（　　）、（　　）、（　　）、（　　）、（　　）、（　　）、（　　）、（　　）、（　　）；④附件，至少包括以下内容：（　　）、（　　）、（　　）、（　　）。

A.项目概述　B.工艺描述　C.HAZOP分析程序　D.HAZOP分析团队人员信息　E.分析范围　F.分析目标和节点划分　G.风险可接受标准　H.总体性建议　I.建议措施说明　J.带有节点划分的P&ID　K.建议措施汇总表　L.技术资料清单　M.HAZOP分析记录表　N.依据　O.载体

2.简述HAZOP分析报告编制的注意事项。

✎ 【任务反馈】

简要说明本次任务的收获、感悟或疑问等。

1	我的收获

2	我的感悟

3	我的疑问

任务三　HAZOP 分析文档签署和存档

任务目标	1. 掌握 HAZOP 分析文档签署要求 2. 掌握 HAZOP 分析关闭的要求 3. 掌握 HAZOP 分析文档存档要求
任务描述	根据相关要求，掌握如何进行 HAZOP 分析文档签署、HAZOP 分析关闭以及分析文档存档

【相关知识】

一、HAZOP 分析文档签署

HAZOP 分析结束时，应生成 HAZOP 分析报告并经 HAZOP 分析团队成员一致同意。若不能达成一致意见，应记录原因。

二、HAZOP 分析的关闭

在 HAZOP 分析完成后，由项目经理等负责完成如下关闭任务：

❶ 向建议措施的负责人追踪每一条建议措施的落实情况、关闭状态；

❷ 召开 HAZOP 分析建议措施的关闭会议，对照更新后的 P&ID 和其他文件，逐条进行验证；

❸ 全部建议关闭后，签署终版的 HAZOP 分析报告，终版的 HAZOP 分析报告一般应经业主书面认可，该项工作正式结束；

❹ 保留记录，要根据项目要求对 HAZOP 分析报告和审查用的 P&ID 等资料进行归档保存。

三、HAZOP 分析文档存档

应该妥善保存 HAZOP 分析报告（包括书面存档）。鉴于国内化工企业过程安全管理实施导则（AQ/T 3034—2010）中要求的复审周期是 3 年，即每隔 3 年需要开展一次复审，因此至少应该将分析报告保存 3 年，最好保存 6 年（即两个复审的周期）。在美国，根据美国 OSHA PSM 的要求，应该将分析报告保存 10 年（OSHA PSM 要求的复审周期是 5 年）。

至少应该将一份书面分析报告保存在企业的档案室，该报告中应该包括分析时所使用的 P&ID 图纸（在这些图纸上标出了各个节点）。在落实 HAZOP 分析的建议项时，如果新增补充资料，补充资料应该与此前的分析报告存放在一起，以便在下一次复审时更新此报告。

在 HAZOP 分析后，会更新 P&ID 图纸，形成新的版本。在落实工程措施一类的建议项时，经常需要修订 P&ID 图纸。有一种错误的做法，是用新版的 P&ID 图纸替换分析报告中原来所附的图纸，这样一来，就很难再读懂此报告。例如，在原来的 P&ID 图上有一个阀门，在 HAZOP 分析时建议取消它，在新版的 P&ID 图纸中它已经不再存在了，如果将新版

P&ID 图纸附在原来的分析报告中，用户（读者）在阅读这份报告时，会找不到上述阀门。

此外，充分利用 HAZOP 分析报告才能发挥它存在的意义。用户应该可以方便地获取和使用此分析报告，例如，有些企业会将一份书面的 HAZOP 分析报告放在中央控制室里，便于取用，是不错的方式。

【任务实施】

通过任务学习，完成 HAZOP 分析文档签署和存档要求相关练习题，以加深对分析文档签署和存档要求相关知识点的掌握程度（工作任务单 8-3）。

要求：1.按授课教师规定的人数，分成若干个小组（每组 5 ～ 7 人）。

2.完成后，以小组为单位向全体分享。

3.时间在 30min 内，成绩在 90 分以上。

工作任务三　HAZOP 分析文档签署和存档		编号：8-3	
考查内容：分析文档签署和存档要求			
姓名：	学号：		成绩：

1.请将下列空缺部分补充完整。

应该妥善保存 HAZOP 分析报告（包括书面存档）。鉴于国内化工企业过程安全管理实施导则（AQ/T 3034—2010）中要求的复审周期是（　　　），即每隔（　　　）需要开展一次复审，因此至少应该将分析报告保存（　　　），最好保存（　　　）（即两个复审的周期）。

至少应该将一份书面分析报告保存在企业的档案室中，该报告中应该包括分析时所使用的（　　　）（在这些图纸上标出了各个节点）。在落实 HAZOP 分析的（　　　）时，如果新增补充资料，补充资料应该与此前的分析报告存放在一起，以便在下一次复审时更新此报告。

2.判断下列表述的对错。

（1）在 HAZOP 分析后，会更新 P&ID 图纸，形成新的版本。在落实工程措施一类的建议项时，经常需要修订 P&ID 图纸。可以将新版的 P&ID 图纸替换分析报告中原来所附的图纸。（　　　）

（2）HAZOP 分析报告复审周期是每 6 年一次。（　　　）

（3）HAZOP 分析报告最少保存 5 年。（　　　）

（4）HAZOP 分析结束时，应生成 HAZOP 分析报告并经 HAZOP 分析团队成员大部分同意。（　　　）

（5）在 HAZOP 分析完成后应向建议措施的负责人追踪每一条建议措施的落实情况、关闭状态。（　　　）

【任务反馈】

简要说明本次任务的收获、感悟或疑问等。

1	我的收获

任务四　HAZOP 分析报告的后续跟踪和利用

任务目标	1. 了解 HAZOP 后续跟踪和职责 2. 了解 HAZOP 分析建议项的跟踪落实
任务描述	通过对本任务的学习，知晓 HAZOP 分析的后续跟踪和职责

📖【相关知识】

完成了 HAZOP 分析和相关的文档工作，仅仅是完成了 HAZOP 分析项目一半的工作。只有 HAZOP 分析的后续跟踪落实工作完成了，才标志着 HAZOP 分析项目的完成，才能体现 HAZOP 分析工作的价值。

严格讲，后续跟踪的工作并不属于 HAZOP 分析团队的工作范畴（HAZOP 分析的工作范围通常止于正式分析报告的提交）。HAZOP 分析主席没有权限确保 HAZOP 分析团队的建议能得到执行，有权限的是所分析项目的项目经理和企业管理层。

项目委托方应对 HAZOP 分析报告中提出的建议措施进行进一步的评估，并及时进行书面回复。对每条具体建议措施选择可采用完全接受、修改后接受或拒绝接受的形式。如果修改后接受或拒绝接受建议，或采取另一种解决方案、改变建议预定完成日期等，应形成文件并备案。此后，定期跟踪、核实建议措施的落实情况。

可以将建议项分成关键、高、中和低几个等级。所谓关键建议项，是指没有落实此建议项，工艺装置会在特别高的风险下运行，极容易出现后果严重的事故。这一类建议项要立即整改，可以在分析期间或分析报告完成前就立即开始整改（有些在役工厂要求立即停止生产，直到落实这些建议项后才能恢复生产）。

根据建议项与事故情景后果的相关性，还可以将建议项分成安全、健康、环境和生产等类别。针对那些会导致安全后果的事故情景而提出的建议项，属于安全类别的建议项，以此类推。有些公司规定，与安全、健康和环境相关的建议项，是必须落实的建议项；生产类别的建议项可以选择性实施（不落实这些建议项，不会产生安全、健康、环境影响）。对于那些仅与生产相关的建议项，可以综合考虑经济性与可操作性等因素，根据实际情况决定是否实施。

出现以下条件之一，可以拒绝接受建议：

❶ 建议所依据的资料是错误的；

❷ 建议不利于保护环境，不利于保护员工和承包商的安全、健康；

❸ 另有更有效、更经济的方法可供选择；

❹ 建议在技术上是不可行的。

在落实建议项期间，如果发现有些建议项不符合实际情况，难以落实，或者有更好的替代方案，不打算落实分析报告中提出的建议项，则必须对相关的事故情景重新分析，并形成书面材料，说明拒绝落实建议项或采用替代方案的理由，并经相关负责人批准。形成的书面文件与原过程危害分析报告一起存档。

在某些情况下，项目经理可授权 HAZOP 分析团队执行建议并开展设计变更。在这种情况下，可要求 HAZOP 分析团队完成以下额外工作：

❶ 在关键问题上达成一致意见，以修订设计或操作和维护程序；

❷ 核实将进行的修订和变更，并向项目管理人员通报，申请批准。

在落实 HAZOP 分析的建议措施过程中，可能会发生工艺过程或设备的变更，那么就要根据企业的变更管理制度，启动变更管理程序。项目经理应考虑再召集原 HAZOP 分析团队或另外一个 HAZOP 分析团队针对变更再次分析，以确保不会出现新的危险与可操作性问题或维护问题。

值得注意的是，很多化工事故就是由于 HAZOP 分析的建议措施迟迟得不到落实造成的。因此，要强化 HAZOP 分析建议措施的跟踪管理。

对于新建工艺装置，在投产前，通常会开展投产前安全审查（Pre-Startup Safety Review，PSSR），目的是确认工艺系统具备安全投产和可持续运行的条件。在投产前安全审查期间，有一项很重要的任务，就是核实 HAZOP 分析所识别的各种事故情景的安全措施是否都已落实，包括分析报告的建议项一栏中所列出的建议项和现有措施一栏中列出的措施。在为新建装置开展 HAZOP 分析时，将图纸或文件上表述出来的有效的安全措施记录在现有措施这一栏中，只表明它们已经体现在设计中了，但还未落实（安装在现场），因此，现有措施一栏中的安全措施也需要在投产前安全审查期间予以核实。

🐟 【任务实施】━━━━━━━━━━━━━━━━━━━━━━━━━━━━━

通过任务学习，完成 HAZOP 分析报告的后续跟踪和利用相关练习题，以加深对分析报告的后续跟踪和利用相关知识点的掌握程度（工作任务单 8-4）。

要求：1. 按授课教师规定的人数，分成若干个小组（每组 5～7 人）。

2. 完成后，以小组为单位向全体分享。

3. 时间在 30min 内，成绩在 90 分以上。

考查内容：分析报告的后续跟踪和利用

| 姓名： | 学号： | 成绩： |

1.请将下列空缺部分补充完整。

对于新建工艺装置，在投产前，通常会开展投产前（　　　　），目的是确认工艺系统具备（　　　　）和（　　　　）的条件。在投产前安全审查期间，有一项很重要的任务，就是核实 HAZOP 分析所识别的各种事故情景的（　　　　）是否都已落实，包括分析报告的建议项一栏中所列出的建议项和现有措施一栏中列出的措施。在为新建装置开展 HAZOP 分析时，将图纸或文件上表述出来的（　　　　）安全措施记录在现有措施这一栏中，这只表明它们已经体现在设计中了，但还未落实（安装在现场），因此，现有措施一栏中的安全措施也需要在投产前安全审查期间予以核实。

2.判断下列对错。

（1）很多化工事故就是由于 HAZOP 分析的建议措施迟迟得不到落实造成的。因此，要强化 HAZOP 分析建议措施的跟踪管理。（　　　　）

（2）根据建议项与事故情景后果的相关性，可以将建议项分成安全、健康、环境和生产等类别。（　　　　）

（3）建议所依据的资料是错误的，企业可以拒绝接受提出的建议项。（　　　　）

（4）假如建议项另有更有效、更经济的方法可供选择，但企业也必须根据 HAZOP 分析报告提出的建议项实施。（　　　　）

（5）在投产前安全审查期间，需核实 HAZOP 分析所识别的各种事故情景的安全措施是否都已落实，包括分析报告的建议项一栏中所列出的建议项和现有措施一栏中列出的措施。（　　　　）

✍ 【任务反馈】 ─────────────────────

简要说明本次任务的收获、感悟或疑问等。

1 我的收获

2 我的感悟

3 我的疑问

姓名		学号		班级	
组别		组长及成员			

项目成绩：		总成绩：		

任务	任务一	任务二	任务三	任务四
成绩				

自我评价		
维度	自我评价内容	评分
知识	1. 知道 HAZOP 分析记录的方法（10 分）	
	2. 掌握 HAZOP 分析报告的组成和编写注意事项（10 分）	
	3. 知道 HAZOP 分析报告的后续跟踪和职责（10 分）	
	4. 掌握 HAZOP 分析文档签署和存档要求（10 分）	
能力	1. 能够根据分析要求选择合适的 HAZOP 分析记录方法进行分析记录（10 分）	
	2. 能够根据 HAZOP 分析记录编制 HAZOP 分析报告（10 分）	
	3. 能够合理利用 HAZOP 分析报告，跟踪建议项落实情况（10 分）	
	4. 能够对 HAZOP 分析报告进行审核（10 分）	
素质	1. 通过学习 HAZOP 分析文档，知晓 HAZOP 分析的重要性和规范性（10 分）	
	2. 通过学习 HAZOP 分析文档，增强安全意识、责任意识和细节意识（10 分）	
总分		
我的反思	我的收获	
	我遇到的问题	
	我最感兴趣的部分	
	其他	

项目九
HAZOP 分析周期认知与质量控制

 【学习目标】

知识目标

1. 了解 HAZOP 分析周期及其优势；
2. 了解 HAZOP 分析周期相关法律法规要求；
3. 掌握 HAZOP 分析"两重点一重大"识别方法；
4. 熟悉 HAZOP 分析质量把控要求。

能力目标

1. 能够判断 HAZOP 分析周期；
2. 能够识别"两重点一重大"化工装置；
3. 会进行 HAZOP 分析质量控制。

素质目标

1. 熟知 HAZOP 分析周期，建立时间观念；
2. 熟知涉及"两重点一重大"工艺分析重点，加强危机意识；
3. 知晓质量控制的重要性，能进行 HAZOP 分析报告审查。

【项目导言】

  HAZOP 分析是 PHA 分析方法中比较常见的一种分析方法，原国家安监总局要求对涉及重点监管危险化学品、重点监管危险化工工艺和危险化学品重大危险源（统称"两重点一重大"）的生产储存装置进行风险辨识分析，要采用危险与可操作性（HAZOP）分析技术，一般每 3 年进行一次。由此可见 HAZOP 分析在"两重点一重大"的生产储存装置进行风险辨识分析的重要性，有效地识别"两重点一重大"装置能明确 HAZOP 分析的重点，也是判断其风险是否可控的一种有效手段。

  HAZOP 分析过程的相应安全性和可操作性对于企业发展具有很高的指导作用，所以为了制订符合规律的基本研究需要不断对防灾措施进行研究。在研究领域来说，对分析报告和应急预案的研究在很大程度上提供了相应的决策依据。因此，需要重视对 HAZOP 的分析报告的研究，找出现存问题并进行实践研究，以此促进其发展。由于许多分析报告的偏差的存在，报告的根源有时是隐藏的，需要对报告进行科学彻底的研究，以此找出隐藏的内在因素。

【项目实施】

任务安排列表

任务名称	总体要求	工作任务单	建议课时
任务一 HAZOP 分析周期认知	通过该任务的学习，掌握 HAZOP 分析周期	9-1	1
任务二 HAZOP 分析质量把控	通过该任务的学习，掌握 HAZOP 分析的质量把控	9-2	1

任务一　HAZOP 分析周期认知

任务目标	1. 掌握 HAZOP 分析周期相关规范要求 2. 掌握"两重点一重大"识别方法
任务描述	根据 HAZOP 分析周期相关规范要求，了解重点监管危险化工工艺及危化品，从而掌握 HAZOP 分析周期的相关知识

【相关知识】

一、HAZOP 分析周期相关法律法规要求

国家安监总局《危险化学品建设项目安全评价细则（试行）》（安监总危化〔2007〕255号）：对国内首次采用新技术、工艺的建设项目，除选择其它安全评价方法外，尽可能选择危险与可操作性研究法进行。

国务院安全生产委员会《国务院安委会办公室关于进一步加强危险化学品安全生产指导工作的指导意见》（安委办〔2008〕26号）：组织有条件的中央企业应用危险与可操作性分析技术（HAZOP），提高化工生产装置潜在风险辨识能力。

2012 年 7 月，国家安监总局发布的《危险化学品企业事故隐患排查治理实施导则》中明确要求，涉及"两重点一重大"的危险化学品生产、储存企业应每五年至少开展一次危险与可操作性分析（HAZOP）。

2013 年，《国家安全监管总局 住房城乡建设部 关于进一步加强危险化学品建设项目安

全设计管理的通知》（安监总管三〔2013〕76号）：凡涉及两重点一重大的项目应在基础设计完成后进行HAZOP分析。

《国家安全监管总局关于加强化工过程安全管理的指导意见》（安监总管三〔2013〕88号）：对涉及重点监管危险化学品、重点监管危险化工工艺和危险化学品重大危险源（以下统称"两重点一重大"）的生产储存装置进行风险辨识分析，要采用危险与可操作性分析（HAZOP）技术，一般每3年进行一次。对其他生产储存装置的风险辨识分析，针对装置不同的复杂程度可每5年进行一次。

二、重点监管危险化工工艺

国家安全监管总局关于公布《首批重点监管的危险化工工艺目录的通知》（安监总管三〔2009〕116号）中明确了18种重点监管的危险化工工艺，包括：①光气及光气化工艺；②电解工艺（氯碱）；③氯化工艺；④硝化工艺；⑤合成氨工艺；⑥裂解（裂化）工艺；⑦氟化工艺；⑧加氢工艺；⑨重氮化工艺；⑩氧化工艺；⑪过氧化工艺；⑫胺基化工艺；⑬磺化工艺；⑭聚合工艺；⑮烷基化工艺；⑯新型煤化工工艺；⑰电石生产工艺；⑱偶氮化工艺。

具体工艺特点及危险性可参见附录三。

三、重点监管危险化学品

《首批重点监管的危险化学品名录》是国家安全监督管理总局为深入贯彻落实《国务院关于进一步加强企业安全生产工作的通知》（国发〔2010〕23号）和《国务院安委会办公室关于进一步加强危险化学品安全生产工作的指导意见》（安委办〔2008〕26号）精神，进一步突出重点、强化监管，指导安全监管部门和危险化学品单位切实加强危险化学品安全管理工作，在综合考虑2002年以来国内发生的化学品事故情况、国内化学品生产情况、国内外重点监管化学品品种、化学品固有危险特性和近四十年来国内外重特大化学品事故等因素的基础上，组织对现行《危险化学品名录》中的3800余种危险化学品进行了筛选，编制了《首批重点监管的危险化学品名录》，见表9-1。

表9-1　首批重点监管的危险化学品名录

序号	化学品名称	别名	CAS号	序号	化学品名称	别名	CAS号
1	氯	液氯、氯气	7782-50-5	8	氢	氢气	1333-74-0
2	氨	液氨、氨气	7664-41-7	9	苯（含粗苯）		71-43-2
3	液化石油气		68476-85-7	10	碳酰氯	光气	75-44-5
4	硫化氢		7783/6/4	11	二氧化硫		7446/9/5
5	甲烷、天然气		74-82-8（甲烷）	12	一氧化碳		630-08-0
6	原油			13	甲醇	木醇、木精	67-56-1
7	汽油（含甲醇汽油、乙醇汽油）、石脑油		8006-61-9（汽油）	14	丙烯腈	氰基乙烯、乙烯基氰	107-13-1

序号	化学品名称	别名	CAS 号	序号	化学品名称	别名	CAS 号
15	环氧乙烷	氧化乙烯	75-21-8	38	四氯化钛		7550-45-0
16	乙炔	电石气	74-86-2	39	甲苯二异氰酸酯	TDI	584-84-9
17	氟化氢、氢氟酸		7664-39-3	40	过氧乙酸	过乙酸、过醋酸	79-21-0
18	氯乙烯		1975/1/4	41	六氯环戊二烯		77-47-4
19	甲苯	甲基苯、苯基甲烷	108-88-3	42	二硫化碳		75-15-0
20	氰化氢、氢氰酸		74-90-8	43	乙烷		74-84-0
21	乙烯		74-85-1	44	环氧氯丙烷	3-氯-1, 2-环氧丙烷	106-89-8
22	三氯化磷		7719/12/2	45	丙酮氰醇	2-甲基-2-羟基丙腈	75-86-5
23	硝基苯		98-95-3	46	磷化氢	膦	7803-51-2
24	苯乙烯		100-42-5	47	氯甲基甲醚		107-30-2
25	环氧丙烷		75-56-9	48	三氟化硼		7637/7/2
26	一氯甲烷		74-87-3	49	烯丙胺	3-氨基丙烯	107-11-9
27	1，3-丁二烯		106-99-0	50	异氰酸甲酯	甲基异氰酸酯	624-83-9
28	硫酸二甲酯		77-78-1	51	甲基叔丁基醚		1634-04-4
29	氰化钠		143-33-9	52	乙酸乙酯		141-78-6
30	1-丙烯、丙烯		115-07-1	53	丙烯酸		1979/10/7
31	苯胺		62-53-3	54	硝酸铵		6484-52-2
32	甲醚		115-10-6	55	三氧化硫	硫酸酐	7446/11/9
33	丙烯醛、2-丙烯醛		107-02-8	56	三氯甲烷	氯仿	67-66-3
34	氯苯		108-90-7	57	甲基肼		60-34-4
35	乙酸乙烯酯		108-05-4	58	一甲胺		74-89-5
36	二甲胺		124-40-3	59	乙醛		75-07-0
37	苯酚	石炭酸	108-95-2	60	氯甲酸三氯甲酯	双光气	503-38-8

为进一步做好重点监管的危险化学品安全管理工作，国家安全监管总局在分析国内危险化学品生产情况和近年来国内发生的危险化学品事故情况、国内外重点监管化学品品种、化学品固有危险特性及国内外重特大化学品事故等因素的基础上，研究确定了《第二批重点监管的危险化学品名录》，见表9-2。

表 9-2　第二批重点监管的危险化学品名录

序号	化学品品名	CAS 号
1	氯酸钠	7775/9/9
2	氯酸钾	3811/4/9
3	过氧化甲乙酮	1338-23-4
4	过氧化（二）苯甲酰	94-36-0
5	硝化纤维素	9004-70-0
6	硝酸胍	506-93-4
7	高氯酸铵	7790-98-9
8	过氧化苯甲酸叔丁酯	614-45-9
9	N,N'-二亚硝基五亚甲基四胺	101-25-7
10	硝基胍	556-88-7
11	2,2'-偶氮二异丁腈	78-67-1
12	2,2'-偶氮-二-（2,4-二甲基戊腈） （即偶氮二异庚腈）	4419/11/8
13	硝化甘油	55-63-0
14	乙醚	60-29-7

四、重大危险源辨识

我国从 2019 年 3 月 1 日起实施 GB 18218—2018《危险化学品重大危险源辨识》。此标准规定了辨识危险化学品重大危险源的依据和方法。此标准的全部技术内容为强制性的。

（1）范围　此标准适用于生产、储存、使用和经营危险化学品的生产经营单位。此标准不适用于：（a）核设施和加工放射性物质的工厂，但这些设施和工厂中处理非放射性物质的部门除外；（b）军事设施；（c）采矿业，但涉及危险化学品的加工工艺及储存活动除外；（d）危险化学品的厂外运输（包括铁路、道路、水路、航空、管道等运输方式）；（e）海上石油天然气开采活动。

（2）单元　单元分为生产单元与储存单元，生产单元按照切断阀来判断、储存单元是根据防火堤来判断分类。

（3）临界量　指对于某种或某类危险物质规定的数量，若单元中的物质数量等于或超过该数量，则该单元定为重大危险源。

（4）危险物质　一种物质或若干种物质的混合物，由于它的化学、物理或毒性特性，使其具有易导致火灾、爆炸或中毒的危险。

（5）重大事故　工业活动中发生的重大火灾、爆炸或毒物泄漏事故，并给现场人员或公众带来严重危害，或对财产造成重大损失，对环境造成严重污染。

（6）重大危险源　长期地或临时地生产、加工、搬运、使用或储存危险物质，且危险物质的数量等于或超过临界量的单元。

（7）辨识依据　在表 9-3 范围内的危险化学品，其临界量按表 9-3 确定。

表 9-3　危险化学品名称及其临界量

序号	类别	危险化学品名称和说明	临界量 /t	序号	类别	危险化学品名称和说明	临界量 /t
1	爆炸品	叠氮化钡	0.5	28	毒性气体	氯化氢	20
2		叠氮化铅	0.5	29		氯	5
3		雷酸汞	0.5	30		煤气（CO，CO 和 H$_2$、CH$_4$ 的混合物等）	20
4		三硝基苯甲醚	5	31		砷化三氢（胂）	12
5		三硝基甲苯	5	32		锑化氢	1
6		硝化甘油	1	33		硒化氢	1
7		硝化纤维素	10	34		溴甲烷	10
8		硝酸铵（含可燃物 >0.2%）	5	35	易燃液体	苯	50
9	易燃气体	丁二烯	5	36		苯乙烯	500
10		二甲醚	50	37		丙酮	500
11		甲烷，天然气	50	38		丙烯腈	50
12		氯乙烯	50	39		二硫化碳	50
13		氢	5	40		环己烷	500
14		液化石油气（含丙烷、丁烷及其混合物）	50	41		环氧丙烷	10
				42		甲苯	500
15		一甲胺	5	43		甲醇	500
16		乙炔	1	44		汽油	200
17		乙烯	50	45		乙醇	500
18	毒性气体	氨	10	46		乙醚	10
19		二氟化氧	1	47		乙酸乙酯	500
20		二氧化氮	1	48		正己烷	500
21		二氧化硫	20	49	易于自燃的物质	黄磷	50
22		氟	1	50		烷基铝	1
23		光气	0.3	51		戊硼烷	1
24		环氧乙烷	10	52	遇水放出易燃气体的物质	电石	100
25		甲醛（含量 >90%）	5	53		钾	1
26		磷化氢	1	54		钠	10
27		硫化氢	5				

序号	类别	危险化学品名称和说明	临界量 /t	序号	类别	危险化学品名称和说明	临界量 /t
55	氧化性物质	发烟硫酸	100	66	毒性物质	丙酮合氰化氢	20
56		过氧化钾	20	67		丙烯醛	20
57		过氧化钠	20	68		氟化氢	1
58		氯酸钾	100	69		环氧氯丙烷（3-氯-1,2-环氧丙烷）	20
59		氯酸钠	100				
60		硝酸（发红烟的）	20	70		环氧溴丙烷（表溴醇）	20
61		硝酸（发红烟的除外，含硝酸 >70%）	100	71		甲苯二异氰酸酯	100
				72		氯化硫	1
62		硝酸铵（含可燃物 ≤ 0.2%）	300	73		氰化氢	1
				74		三氧化硫	75
63		硝酸铵基化肥	1000	75		烯丙胺	20
64	有机过氧化物	过氧乙酸（含量≥ 60%）	10	76		溴	20
65		过氧化甲乙酮（含量 ≥ 60%）	10	77		乙撑亚胺	20
				78		异氰酸甲酯	0.75

（8）重大危险源的辨识指标　单元内存在危险化学品的数量等于或超过表 9-3 规定的临界量，即被定为重大危险源。单元内存在的危险化学品的数量根据处理危险化学品种类的多少区分为以下两种情况：

❶ 单元内存在的危险化学品为单一品种，则该危险化学品的数量即为单元内危险化学品的总量，若等于或超过相应的临界量，则定为重大危险源。

❷ 单元内存在的危险化学品为多品种时，则按式（9-1）计算，若满足式（9-1），则定为重大危险源：

$$q_1/Q_1+q_2/Q_2+\cdots+q_n/Q_n \geqslant 1 \qquad (9\text{-}1)$$

式中　q_1，q_2，$\cdots$，q_n——每种危险化学品实际存在量，t；

Q_1，Q_2，$\cdots$，Q_n——与各危险化学品相对应的临界量，t。

除法律法规要求外，较其他风险分析方法，HAZOP 分析方法具有如下特点：

❶ 有利于提高员工安全意识；

❷ 为隐患治理工作提供了依据；

❸ 方便风险分级与管理；

❹ 为保护措施设置与完善提供基础信息；

❺ 完善过程安全信息管理（如操作规程）；

❻ 加深对过程的认识，积累经验。

【任务实施】────────────────────────────

通过任务学习，完成下面HAZOP分析周期认知的相关习题（工作任务单9-1）。

要求：1.按授课教师规定的人数，分成若干个小组（每组5～7人）。

2.完成后，以小组为单位向全体分享。

3.时间在30min内，成绩在90分以上。

工作任务一　**HAZOP分析周期认知**　　　编号：9-1		
考查内容：分析周期		
姓名：	学号：	成绩：

1.简述"两重点一重大"内容。

2.判断下列对错。

（1）对涉及"两重点一重大"化工装置每三年进行一次HAZOP分析，其他一般装置可每五年进行一次HAZOP分析。（　　）

（2）氟化工艺、重氮化工艺、加氢工艺、聚合工艺都属于重点监管的危险化工工艺。（　　）

（3）长期地或临时地生产、加工、搬运、使用或储存危险物质，且危险物质的数量等于或超过临界量的单元属于重大危险源。（　　）

（4）结晶工艺、新型煤化工工艺、电石生产工艺不属于重点监管的危险化工工艺。（　　）

（5）对国内首次采用新技术、工艺的建设项目，除选择其他安全评价方法外，尽可能选择危险与可操作性研究法进行。（　　）

【任务反馈】────────────────────────────

简要说明本次任务的收获、感悟或疑问等。

1 **我的收获**

2 **我的感悟**

3 **我的疑问**

任务二 HAZOP 分析质量把控

任务目标	1. 了解 HAZOP 分析控制要点 2. 了解准备阶段、关闭阶段的质量把控 3. 了解分析过程和分析报告的质量把控
任务描述	通过本任务的学习，知晓 HAZOP 分析质量把控要求及相关内容

【相关知识】

一、HAZOP 分析质量控制要点

系统性控制要点是依据操作规程和（或）工艺流程，一方面将分析范围的所有工艺流程都划入节点内，"遍历"工艺过程每一个细节，不能有遗漏；另一方面要针对所划分的节点"用尽"所有可行的引导词，按照有效的工艺偏离开展分析。

结构性控制要点是分析所有的偏离都应按照固定的分析流程进行，所分析出来的原因、后果、安全措施、建议措施、风险级别这些要素之间的关系的记录要尽可能做到一一对应，表达出清晰、完整的事故剧情。

准确性控制要点是危险辨识与所分析偏离的逻辑推理应合理准确，需要做到危险辨识不遗漏、事故剧情不交叉、条理清晰不混乱。

❶ 风险评估（分级）可信性和准确性应符合下列要求：

a. 可信性：运用风险矩阵判定各剧情的严重性等级和对应的事件频率，得到相对应的风险等级应符合客观实际及相关标准规范要求，且合理可信。

b. 准确性：考虑保护措施失效及不同工况保护措施发挥作用是否充分；当事故剧情中的剩余风险等级仍较高时，需要进一步提出建议措施来降低风险，以满足最终的剩余风险等级符合最低合理可行（ALARP）的准则。

❷ 提出的建议措施应符合下列要求：

a. 针对性：建议措施应针对所分析的事故剧情，通过改进设计、操作规程，增加或减少安全保护措施来降低风险等级。

b. 有效性：所提出的建议措施能够有效降低事故剧情发生的频率和（或）降低事故剧情的后果严重度，对降低风险等级有明显效果。

c. 可靠性：所提出的建议措施应具有较低的失效率，能够有效降低事故发生频率。

d. 可行性：技术可行且经济合理。

❸ HAZOP 分析报告应符合下列要求：

a. 完整性：分析过程中的输入资料应完整，需要体现资料来源、分析人员组成、流程说明、有效偏离、已有安全措施、风险评估（分级）等过程信息。

b. 准确性：分析人员应做到叙述精确、逻辑严密，根据分析过程以及分析提炼出的结果，准确记录。

c. 可读性：分析记录表中的内容描述应准确、清晰、完整，各要素之间的关系要一一对应，方便后续管理跟踪。

d. 再用性：HAZOP 分析工作表应可以作为改进设计或生产方式、完善操作程序与维修程序的基础材料；同时可以通过分析工作表了解工厂中潜在的重要事故剧情，在此基础上可以编制针对性应急指南或预案，也可以作为今后变更、扩建或新建类似项目的参考文件。

❹ 在系统生命周期的不同阶段，HAZOP 分析完成后，企业对未明确的风险及活动，可另行采用其他的工艺（过程）危险分析方法进一步分析。企业可将其分析结果作为 HAZOP 分析的补充，需要进一步分析的情况宜包括下列要求：

a. 针对初始风险高或后果严重度高的事故剧情，应进一步进行保护层分析（LOPA）或其他分析。

b. 对涉及安全问题的关键性操作程序应采用适宜的分析方法（JSA/JHA）。

c. 对作业活动进行工作安全／危害分析（JSA/JHA）。

d. 对安全仪表系统进行安全完整性等级（SIL）评估分析。

二、准备阶段的质量控制

❶ HAZOP 分析计划的质量控制：HAZOP 分析开展的时间应符合项目工程进度需求以及国家相关规定，并根据项目工程进度计划或生产设施所处阶段特点，制订具体的 HAZOP 分析计划。

❷ HAZOP 分析计划的制订和落实应符合以下要求：

a. HAZOP 分析工作及经费预算应包括在项目工程进度计划和项目预算中。

b. HAZOP 分析计划应得到业主主管部门负责人的批准，并指定专人负责该项工作。

c. 对于设计项目，基础设计阶段的 HAZOP 分析对象为基础设计阶段完成的工程设计；详细设计阶段的 HAZOP 应该针对与基础设计阶段相比较发生变化的部分或者因基础设计阶段设计资料不完整而没有做的部分（例如成套设备）。

d. 对于在役装置，应按照国家规定的期限完成。

e. HAZOP 分析所需时间应根据具体工艺的复杂程度来确定。工艺复杂程度不同，所需时间也不同，每个小组每天分析时间不宜超过 6h，分析的 P&ID 数量一般不多于 10 张。

f. HAZOP 分析应制订进度表，由主管部门专人负责，确保 HAZOP 分析按照计划时间完成。

❸ HAZOP 分析团队成员的要求：HAZOP 分析团队成员的组成是 HAZOP 分析质量的重要保证。HAZOP 分析团队成员通常包括：HAZOP 主席、HAZOP 记录员、工艺工程师、操作代表、设备工程师、仪表工程师、安全工程师等；专利商代表、成套设备代表等各专业工程师，可根据讨论内容酌情参加。HAZOP 分析团队成员不少于 5 人，在分析过程中主要分析人员不宜更换。

a. HAZOP 分析主席应满足下列要求：HAZOP 主席应在组织 HAZOP 分析方面受过训练、富有经验，精通 HAZOP 分析方法，熟悉工艺流程，了解操作规程。HAZOP 主席宜具有工程师及以上职称 [或执（职）业资格]，且专科应具有不少于十年（本科不少于七年／硕士不少于五年／博士不少于三年）的石油、化工等行业工作经验及不少于三年的 HAZOP 分析经验。HAZOP 主席应当接受过第三方机构的培训，取得培训合格证书。

b. HAZOP 记录员宜熟练使用常规的办公软件或者计算机辅助 HAZOP 分析软件，具备一定的石油、化工专业知识和风险分析经验。

c. 主席和记录员外的其他团队成员应具有五年以上的本专业技术经验，熟悉本专业工作内容，了解 HAZOP 分析方法。

d. 所有参与 HAZOP 分析工作的成员均应由相关方（业主、承包商、专利商、供货商等）充分授权并书面确认，能够代表相关方在分析过程中做出决策。

④ HAZOP 分析资料的要求：HAZOP 分析资料提供方应确保提供资料的真实性、准确性和完整性。HAZOP 分析所需文件清单样例见附录六。

a. 在役装置 HAZOP 分析资料提供方应出具承诺函。承诺其提供的资料与在役装置实际状态的符合性、准确性。

b. 设计阶段提供的工艺流程图（PFD）、管道及仪表流程图（P&ID）等图纸应经过设计、校核、审核三级签署，文件图例、图面布局应保持一致。控制点、自控系统、联锁配置资料、工艺管道表、设备设施规格或相关的说明文件等内容应满足相关深度规定要求。

c. 工艺流程说明应包括设计压力、温度、流量等基本信息及关键设备控制参数，通常是根据原料加工的顺序和操作工况进行描述。内容应满足相关深度规定要求，细化至位号，与工艺流程图（PFD）、管道及仪表流程图（P&ID）和公用工程管道及仪表流程图（U&ID）保持一致；对于间歇操作的 HAZOP 分析，应提供每个操作阶段的详细操作步骤。

d. 工艺控制及联锁说明应包括控制参数及联锁要求，通常包括文字说明及图表说明。

e. 连续性在役装置、间歇性新建及在役装置进行 HAZOP 分析时，应提供有效的最新版操作规程及运行记录。

f. HAZOP 分析还应关注地方性标准、企业的运营管理规定等。

g. HAZOP 分析应依据风险管理规定加以开展。可接受风险标准及相应说明等风险管理文件由企业提供；没有风险管理规定的企业，可参考 HAZOP 分析导则推荐的风险矩阵（见附录一），进行风险管理。

h. HAZOP 分析应参考相同或相似工艺技术的事故案例。

三、分析过程的质量控制

1. 一般规定

HAZOP 分析应体现其系统化和结构化的特点，对工艺系统中潜在的由于偏离设计意图而出现的事故剧情与可操作性问题进行综合分析。全面识别工艺系统的危险和设计缺陷，揭示工艺系统存在的事故剧情，特别是高风险、多原因和多后果的复杂剧情。判断工艺系统存在的风险与安全措施的充分性，提出消除或降低风险的建议措施。

对于间歇操作的 HAZOP 分析，应关注其特殊的分析要点，如节点需按操作阶段划分，除了分析与连续工艺一样的参数外，还应分析每个操作阶段的操作步骤。对涉及安全问题的关键性操作程序应采用适宜的分析方法。成套设备 HAZOP 分析、主装置 HAZOP 分析可分别进行，但应在主装置 HAZOP 分析报告中明确说明。

在工程设计阶段，若工艺过程发生重大变更，应针对变更后的工艺过程重新进行 HAZOP 分析。在生产运行过程中出现工艺变更时，应当对发生变更的内容及相关工艺部分进行 HAZOP 分析。应清楚确定 HAZOP 分析范围，明确系统边界，以及系统与其他系统和周围环境之间的界面。应清楚确定 HAZOP 分析假设的一般性原则。对于 HAZOP 分析会上不能明确界定后果、剩余风险的高风险事件，可进一步进行 LOPA、SIL 验证、QRA 等分析工作。

2. 节点

HAZOP 节点划分，宜符合以下要求：

a. 体现完整独立的工艺意图，例如：输送过程、缓冲过程、换热过程、反应过程、分离过程等。

b. 全面覆盖工艺过程，不能有遗漏。

c. 节点划分不宜过大或过小，节点的大小取决于系统的复杂性和危险的严重程度。

d. 每个节点的范围应该包括工艺流程中的一个或多个功能系统。对于间歇操作的工艺流程，HAZOP 节点应按照操作的各个阶段进行划分。

节点的描述宜符合以下要求：

a. 应包括节点描述和设计意图；节点描述一般包括节点范围及工艺流程简单说明，主要设备位号等；设计意图一般包括设计目的、设计参数、操作参数、复杂的控制回路及联锁、特殊操作工况等。

b. 连续系统的节点界限划分应在 P&ID 图中以色笔清晰标识，并在 P&ID 的空白处标上节点编号。

c. 节点应有编号，各企业可采取统一的节点编号方式，HAZOP 分析建议措施的编号和对应节点的编号应保持一致。

3. 偏离

偏离的确定应符合以下要求：

a. 应在理解工艺的基础上，覆盖分析范围内的全部工艺过程，用尽所有可行的引导词，识别和分析有效的偏离。

b. 对于可能产生偏离的管线和设备应单独确定偏离。

c. 根据每个节点的设计意图，确定需要分析的参数，然后与引导词组合产生偏离。

d. 应根据工艺需求补充相关的安全操作异常问题，如腐蚀、泄漏等，见附录三。

e. 对于间歇操作应将操作阶段分解为操作步骤，采用适当的引导词与操作步骤组合构成有效的偏离进行分析。对于危险性小的操作阶段，可直接用适当的引导词与操作阶段组合构成有效的偏离进行分析，附录二给出了一些参数的间歇过程偏离含义。

f. 当对安全关键性操作程序进行 HAZOP 分析时，分析中引导词的意义与常规引导词有所不同，应更加关注操作程序的变化对工艺和设备的影响。

偏离描述宜符合以下要求：

a. 宜标注设备名称或位号；可以从某管线的流量，设备某部位的压力、温度，某设备的液位，某具体的操作步骤等详细描述偏离。

b. 所有讨论的偏离宜进行记录。

4. 原因

原因的确定应全面到位，且应符合以下要求：

a. 应分析到初始原因，初始原因主要包括但不限于以下几个方面：设备设施、仪表等故障；操作失误；外部影响；公用工程失效；运行条件变更。

b. 初始原因可以在节点之内也可以在节点之外。

c. 不宜将中间事件当原因，假如初始原因过于复杂，又跨越节点时，把中间事件当原因应在该原因后面标注参见，比如："XX 温度高（参见 n.m）"，以便于进一步追踪。

原因描述宜符合以下要求：

a. 应描述初始原因直至偏离的中间事件，包括初始原因的情况及其导致具体设备、物料及相关参数变化过程。

b. 描述初始原因时应具体化失效事件，带上设备位号或仪表位号。

c. 由多个原因造成的偏离，每个原因要分别记录。

5. 后果

后果的分析应符合以下要求：

a. 后果应分析对人员、财产、环境、企业声誉等方面的影响。

b. 应分析由偏离导致的安全问题和可操作性问题。

c. 分析后果时应假设任何已有的安全措施都失效时导致的最终不利的后果。

d. 应分析所有可能的后果。

e. 后果可以在节点之内也可以在节点之外。

后果的记录应满足下列要求：

a. 后果的记录应描述偏离直至后果的中间事件，包括对人员、财产、环境、企业声誉影响的详细描述。

b. 针对偏离，应记录每一个原因对应的所有后果。

c. 不宜将中间事件当后果，假如后果在节点外，且离当前正在分析的偏离过远时，将中间事件当后果的情况，应在该后果后面标注参见，比如："XX 压力高（参见 n.m）"，以便于进一步追踪。

d. 应记录原因、偏离导致的后果，确保一一对应。

6. 风险评估（分级）

根据 HAZOP 分析事故后果严重程度级别和发生的可能性级别，按照企业提供的风险矩阵评估事故剧情的风险等级。事故剧情的风险包括初始风险和剩余风险。HAZOP 分析时应按照企业提供的风险矩阵分别评估其风险等级，并做好相应记录。剩余风险不应高于企业可接受的最高风险等级。风险矩阵可根据企业的统计资料或参考 HAZOP 导则推荐的风险矩阵。原因的频率应根据装置的实际情况或原因失效频率一览表进行判断，可参考附录四。

原因导致事故剧情发生的可能性应等于原因的频率、安全措施失效概率和使能条件概率之积，安全措施消减因子数据表可参考附录五。后果的严重性根据风险矩阵确定。

7. 安全措施

安全措施应符合以下要求：

a. 应分别针对原因、中间事件、偏离、后果，识别已有安全措施。

b. 安全措施应独立于初始事件。

c. 安全措施不限于本节点，可以在节点内也可以在节点外。

d. 常见管理措施（如培训、巡检、PPE、设备定期维护保养等）不能作为安全措施。

e. 多个安全措施存在共因失效时，只能算作一条安全措施。

安全措施分为两种类型：预防性措施和减缓性措施。

安全措施的记录应符合以下要求：

a. 有设备或仪表位号的应记录设备或仪表位号。

b. 安全仪表功能应记录其联锁动作 [如：LSHH-101（三选二）联锁关闭阀门 LV-101]。

c. 若将特定的管理程序作为安全措施，应详细描述其管理要求。

8. 建议措施

建议措施应符合以下规定：

a. 应根据风险分析结果并结合企业可接受风险标准，判断是否需要提出建议措施。

b. 剩余风险不应高于企业可接受的最高风险等级，否则应给出进一步降低风险的建议措施，直至剩余风险不高于可接受风险标准。

c. 建议措施应起到减缓后果的严重程度或降低事故剧情发生的可能性的作用。

d. 应优先选择可靠性和经济性较高的预防性安全措施。

e. 对于 HAZOP 分析会上无法明确的建议措施，暂时无条件开展的部分，或不适合应用 HAZOP 方法分析的部分，可提出开展下一步工作的建议。

建议措施的记录应符合以下要求：

a. 建议措施的描述应具体、明确，宜带上设备位号、仪表位号或管线号；建议措施的描述应包括两部分：建议做什么及为什么这么做。

b. 建议措施应落实责任方。

四、分析报告的质量控制

1. 一般规定

HAZOP 分析报告内容应满足企业过程安全管理的需求。HAZOP 分析报告应完整、准确并具有可读性，适于企业安全生产管理应用。HAZOP 分析报告应作为改进设计、完善操作程序等过程安全管理的技术支持文件，也可作为编制针对性应急指南或预案等的参考文件。对于复杂剧情，高风险剧情应重点描述。HAZOP 分析报告基本内容见附录七。

2. HAZOP 分析报告内容规定

（1）项目概述　对所执行的 HAZOP 分析项目的由来、目标等进行说明。需要明确说明 HAZOP 分析的装置（项目），在分析时所处的阶段，如：基础设计（初步设计）阶段、详细设计阶段、在役装置（运行阶段）、检维修阶段等。

（2）分析范围　简述 HAZOP 分析工作的范围和目标。

（3）工艺描述　对 HAZOP 分析对象装置（项目）所采用的工艺、设计要求等进行说明。阐述工艺性质（连续或间歇）、运行周期等基本情况。

（4）HAZOP 分析程序及相关要求　对 HAZOP 分析团队开展工作所进行的方法进行如实叙述，对满足业主等相关各方要求的情况进行说明。

（5）HAZOP 分析实际进程（节点分析时间表）　对 HAZOP 分析团队的实际进程情况进行如实叙述。

（6）HAZOP 分析团队人员信息　列出参加 HAZOP 分析工作的人员名单（包括姓名、工作单位、职位 / 职称、专业特长等）。

（7）HAZOP 分析输入资料　HAZOP 分析输入资料见附录六。

（8）HAZOP 分析假设　HAZOP 分析的基本依据，在开展 HAZOP 分析前由 HAZOP 分析团队全体成员讨论通过，在进行 HAZOP 分析时所遵守的一般性原则。例如：原因分析时多个设备同时失效的情况不予考虑，除非是同一原因导致多个设备的失效。

（9）风险评估（分级）　应说明本项目采用的风险矩阵及风险可接受标准的来源、具体规定等内容。详细阐述 HAZOP 分析过程中事故剧情的发生频率、后果的严重性以及频率和严重性得到的风险等级的划分。

（10）节点划分　提供 HAZOP 分析过程中划分的各节点的信息，如节点清单。

（11）结论　对装置（项目）的整体风险情况进行简单的说明，并给出总体性建议。对 HAZOP 分析会议提出的建议措施给予详细说明，包括：

a. 建议措施的数量；

b. 建议措施的描述；

c. 通过举例，论述建议措施在过程安全管理中可以采取的处理办法。

对 HAZOP 分析出的高风险和复杂剧情进行汇总，以提醒安全管理人员关注。

3. 附件

项目开展的原始记录数据、HAZOP 分析的参考资料等必要的说明性资料，包括但不限于：HAZOP 分析工作表；带有节点划分标示的 P&ID 图纸；建议措施汇总表；HAZOP 分析资料清单（详见附录六）；会议签到表（每次参加会议的人员名单）；评审意见或业主反馈文件（如果有）等。

五、关闭阶段的质量控制

1. 建议措施的落实

HAZOP 分析报告正式发布前，应征求参会人员的意见，设计阶段应与设计方核实确认，在役阶段应得到业主方相关负责人的认可。HAZOP 分析报告正式发布后，企业相关负责人应针对建议措施确定实施计划。企业应特别关注操作规程建议措施的落实。所有建议措施的落实情况应留有记录并具有可追溯性。HAZOP 分析报告中提出的进一步开展工作的建议也应严格执行，企业有责任对分析会上不能确定的问题开展专题研究，保证剩余风险不高于企业可接受的最高风险等级。

2. 建议措施的变更管理

实施过程中，对 HAZOP 建议措施的变更应提供变更说明，变更说明应包含变更原因、替代方案和责任人签署。由于落实建议措施导致的工艺流程修改，应进一步开展修改部分的 HAZOP 分析。其他原因导致的工艺流程修改，也应进一步开展修改部分的 HAZOP 分析。

3. 落实情况的记录及归档

HAZOP 建议措施落实情况应留有记录，记录包括接受建议的说明、实施整改的证明文件或文件编号。HAZOP 分析关闭报告应归档保留方便追踪查阅。

【任务实施】

通过任务学习，完成 HAZOP 分析质量把控相关试题（工作任务单 9-2）。

要求：1.按授课教师规定的人数，分成若干个小组（每组 5～7 人）。

2.完成后，以小组为单位向全体分享。

3.时间在 30min 内，成绩在 90 分以上。

工作任务二　HAZOP 分析质量把控		编号：9-2
考查内容：HAZOP 分析质量把控		
姓名：	学号：	成绩：

1.简述 HAZOP 分析质量把控的四个阶段。

2.补充下列空缺内容。

HAZOP 分析报告内容应满足企业过程安全管理的需求。HAZOP 分析报告应完整、准确并具有（　　），适于企业（　　）管理应用。HAZOP 分析报告应作为（　　）、（　　）等过程安全管理的技术支持文件。也可作为编制针对性（　　）等的参考文件。对于（　　）、（　　）应重点描述。

对于间歇操作的 HAZOP 分析，应关注其特殊的分析要点，如节点需按（　　）划分，除了分析与（　　）一样的参数外，还应分析每个操作阶段的（　　）。

【任务反馈】

简要说明本次任务的收获、感悟或疑问等。

1 我的收获

2 我的感悟

3 我的疑问

姓名		学号		班级	
组别		组长及成员			

项目成绩：　　　　　　　总成绩：

任务	任务一		任务二	
成绩				

	自我评价				

维度	自我评价内容	评分
知识	1. 了解 HAZOP 分析周期及其优势（5分）	
	2. 了解 HAZOP 分析周期相关法律法规要求（5分）	
	3. 了解 HAZOP 分析"两重点一重大"识别方法（5分）	
	4. 了解 HAZOP 分析准备阶段的质量把控（5分）	
	5. 了解 HAZOP 分析过程的质量把控（5分）	
	6. 了解 HAZOP 分析报告质量把控（5分）	
	7. 了解 HAZOP 分析报告关闭阶段质量把控（5分）	
能力	1. 能够判断 HAZOP 分析周期（5分）	
	2. 能够识别"两重点一重大"化工装置（10分）	
	3. 能明确 HAZOP 分析质量把控要点（10分）	
	4. 能独立对 HAZOP 报告进行审核（10分）	
素质	1. 通过 HAZOP 分析相关规范要求，熟知 HAZOP 分析周期，建立时间观念（10分）	
	2. 熟知涉及"两重点一重大"工艺分析重点，加强危机意识（10分）	
	3. 通过学习，了解 HAZOP 分析整体质量把控，增强对 HAZOP 分析报告的审查能力（10分）	
总分		
我的反思	我的收获	
	我遇到的问题	
	我最感兴趣的部分	
	其他	

HAZOP 分析与工匠精神

从本篇内容可以看出，HAZOP 分析对各项工作细节要求很高，不论是 HAZOP 分析范围的界定，还是 HAZOP 分析的准备，不论是偏离确定，还是后果识别以及文档跟踪等，都需要一丝不苟、认真完成，其中体现的是精益求精的工匠精神。

工匠精神是中华民族优秀品质传承中的一部分，承载着爱岗敬业、精益求精、报国奉献的丰富内涵，是我国在短短几十年里跃升为世界制造业大国的重要保障，也是未来成为世界制造业强国的有力支撑。根据中国化工教育协会针对全国石油和化工行业企业人力资源情况的一项调研显示，企业对员工各项素质的要求中，排在首位的并不是生产操作技能，而是体现工匠精神的敬业精神、责任心和劳动安全保护意识等。

HAZOP 分析与工匠精神的案例体现如下，扫描二维码即可查看。

案例 1

案例 2

从以上案例可以看出，需要认真对待每个项目 HAZOP 分析，这是牵涉到千千万万危化企业从业人员生命安全的大事，不容马虎。在实行 HAZOP 分析中，要怀着敬畏之心，充分发扬工匠精神，对每个项目的分析工作认真对待，通过分析，可以更深层次地理解装置工艺，有效提升装置在设计上的安全水平。

在学习过程中，**我们既要学习"基础知识"，也要学习"行业通用知识"**，在知识和技能学习的同时加强自身的职业素养；还要**结合化工行业的实际，加强安全知识学习，了解企业文化，强化对化工的正面理解，从而有正确的择业观与就业观，增强对所从事化工职业的事业心和责任心。**同时，要重点培养自身的实际操作能力，在实践中领悟理论知识的能力、适应工作环境的能力、计算机操作的能力、对突发事件的处理能力及组织管理能力等。

扫描二维码
查看更多资讯

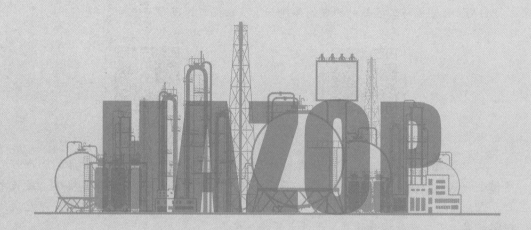

化工危险与可操作性（HAZOP）分析 （中级）

应用篇

项目十
风险和风险矩阵认知与应用

【学习目标】

知识目标
1. 了解风险的含义；
2. 了解风险矩阵的构成；
3. 了解 HAZOP 分析中风险矩阵的使用。

能力目标
1. 能够清晰描述出风险的含义；
2. 能够使用 HAZOP 分析中风险矩阵。

素质目标
1. 提高风险认知能力，建立风险构成的基本认知；
2. 知晓风险矩阵的使用，培养理论联系实际的能力。

【项目导言】

在日常生活中，我们有时会说"这样做很危险""这种情况很危险"。如果我们将"危险"拆开，一个是危字，危害可与之对应；另一个是险字，风险可与之匹配。但危害与风险是两个完全不同的概念。

危害是能够导致负面影响的事物，可以是一个物体、一种现象、一类行为或一项化学品的物性。通常可以将危害分成物理危害、化学危害和生物危害等不同的类别。只要有危害存在，就意味着有可能导致人们不愿意见到的某些负面影响或后果。有危害就可能带来风险。

【项目实施】

任务安排列表

任务名称	总体要求	工作任务单	建议课时
任务一 风险认知和风险矩阵应用	通过该任务的学习，了解风险及风险矩阵的构成	10-1	1

任务名称	总体要求	工作任务单	建议课时
任务二 后果严重等级分类	通过该任务的学习，了解后果严重等级的分类	10-2	1
任务三 初始事件频率分析	通过该任务的学习，掌握初始事件频率分析的方法	10-3	1

任务一 风险认知和风险矩阵应用

任务目标	1. 了解风险的定义与分类 2. 掌握风险矩阵的使用方法
任务描述	通过对本任务的学习，了解风险的概念及分类，掌握 HAZOP 分析风险矩阵应用

【相关知识】

一、风险的概念与术语

"天有不测风云，人有旦夕祸福"，生产和生活中充满了来自自然和人为（技术）的风险。风险是描述技术系统安全程度或危险程度的客观量，又称风险度或风险性。在工业生产系统中，风险是指特定危害事件或事故发生的概率与后果的结合。

风险 R 具有概率和后果的两重性，风险可用不期望事件发生概率 L 和事件后果严重程度 S 的函数来表示，即：

$$R = f(L, S) \tag{10-1}$$

式中，L 为不期望事故或事故发生的可能性（发生的概率）；S 为可能发生事故后果的严重性。参考图 10-1，后果越严重，发生的可能性越大，对应的风险等级就越高；反之亦然。

在企业运行期间，人们会自然而然地重视那些后果很严重的事故情景，但是仅仅后果严重并不一定风险就很高。例如，一架大型客机坠落在一个化工装置区，后果异常严重（灾难性的），但是这种事情发生的可能性极小，虽然后果严重，但风险却很低，因此我们并不担心它会发生。

另一方面，如果发生的可能性很大，但后果很轻微，风险也不会太高。例如，在办公室处理纸质文件

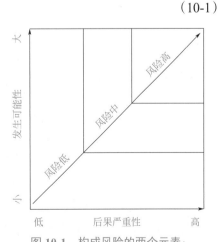

图 10-1 构成风险的两个元素：
严重性与可能性

时，偶尔纸张会划伤手指，这种事情发生的频次比较高，但是后果轻微，因此人们不太关注它（很少有人为了防止划伤手而戴上手套处理纸质文件）。

后果严重且发生的可能性也较高的情形，风险就会高。例如，操作人员通过人孔敞口往反应器内投固体物料，如果反应器内存在毒性大的有机蒸气，在投料过程中，操作人员会暴露于有毒蒸气中而中毒，造成伤害甚至死亡。上述情形的后果较严重，而且敞口操作时发生中毒的可能性也较大，该情形的风险就较高（以人孔敞口方式往反应器内投加固体物料，对于安全、健康和环境都不利，风险较高，因此需要改进设计和改变操作方式，例如，可以考虑将敞口投料更改成密闭投料）。

事故发生的可能性 p 涉及 4M 因素，即：人因——人的不安全行为；物因——机的不安全状态；环境因素——环境的不良状态；管理因素——管理的欠缺。

因此有：

$$概率函数\ p = f（人因，物因，环境因素，管理因素） \tag{10-2}$$

可能事故的后果严重性 l 涉及时态因素、客观的危险性因素（发能量程度、损害对象规模等）、环境条件（区位及现场环境）、应急能力等。

因此有：

$$事故后果严重度函数\ l = f（时机，危险性，环境，应急） \tag{10-3}$$

式中　时机——事故发生的时间点及时间持续过程；

　　　危险性——系统中危险的大小，由系统中含有能量、规模决定；

　　　环境——事故发生时所处的环境状态或位置；

　　　应急——发生事故后应急的条件及能力。

二、风险的分类

风险具有不同属性和特性，从不同的属性将风险进行不同的分类。对风险进行全面的分类学研究，对于了解风险特性和本质具有重要的作用。

1. 按损失承担者分类

❶ 个人风险：指个人所面临的各种风险，包括人身伤亡、财产损失、情感圆满、精神追求、个人发展等。

❷ 家庭风险：指家庭所面临的各种风险，包括家庭成员的精神身体健康、家庭的财产物质保证、家庭的稳定性等。

❸ 企业风险：指企业所面临的各种风险。企业是现代经济的细胞，因此围绕企业发展的相关课题得到了广泛的研究。近些年来，随着市场竞争的日趋激烈，企业风险管理引起了学者和企业决策人员的高度重视。

❹ 政府风险：指政府所面临的各种风险，如政府信任危机、政治丑闻等。

❺ 社会风险：指整个社会所面临的各种风险，如环境污染、水土流失、生态环境恶化等。

2. 按风险损害对象分类

❶ 人身风险：指人员伤亡、身体或精神的损害。

❷ 财产风险：包括直接风险和间接风险（例如由于业务和生产中断、信誉降低等造成的损失）。

❸ 环境风险：指环境破坏，对空气、水源、土地、气候和动植物等所造成的影响和危害。

3. 按风险的来源分类

❶ 自然风险：指自然界存在的可能危及人类生命财产安全的危险因素所引发的风险，如地震、洪水、台风、飓风、海啸等恶劣的气候，陨石、外星体与地球的碰撞，病毒、病菌等。

❷ 技术风险：泛指由于科学技术进步所带来的风险，包括各种人造物，特别是大型工业系统进入人类生活带来的巨大的风险，如化工厂、核电站、水坝、采油平台、飞机轮船、汽车火车、建筑物等；直接用于杀伤人的战争武器，如原子弹、生化武器、火箭导弹、大炮坦克、战舰航母等；新技术对人类生存方式、伦理道德观念带来的风险，如在 1997 年引起轩然大波的"克隆"技术，Internet 网络对人类的冲击等。其中，工业系统风险是技术风险的主要内容，也是我们的主要管理对象。

❸ 社会风险：指社会结构中存在不稳定因素带来的风险，包括政治、经济和文化等方面。

❹ 政治风险：指国内外的政治行为所导致的风险，如国家战争、种族冲突、国家动乱等。

❺ 经济风险：指在经济活动中所存在的风险，如通货膨胀、经济制度改变、市场失控等。

❻ 文化风险：如腐朽思想、不良生活习惯（如酗酒、吸烟等）对人们身心健康的影响。

❼ 行动风险：指由于人的行动所导致的风险。所谓"天下本无事，庸人自扰之""一动不如一静""动辄得咎"等，都是指人们面临的许多风险都是自己的行为导致的。另外，人们为了追求某种利益，必须采取一定行动，并承担一定风险。

上述划分不是绝对的，事实上，现在出现了"自然 - 技术 - 社会 - 行为风险"一体化的综合风险的趋势。例如环境污染，既有大自然变化的因素，也有技术进步带来的负面因素，更有一些社会经济决策失误的因素。

4. 按风险的存在状态分类

❶ 原始风险：指系统本身客观固有的风险。对于特定的系统，原始风险是客观不变的。

❷ 剩余风险：指系统在约束条件下，对个体或社会的现实风险影响。剩余风险是动态变化的。

5. 按风险影响范围分类

❶ 个体风险（单一对象）：指个人或单一对象所面临的风险，包括人身安全、财产安全、系统破坏等。

❷ 社会风险（综合影响）：指整个社会所面临的各种风险，如群体伤害、社区危害、环境污染、水土流失、生态环境破坏等。

6. 按风险的意愿分类

❶ 自愿风险：指个人、社会或企业自愿承担的风险，如事故应急处置状态下的风险，有刺激的娱乐活动等，都是自愿风险。对于自愿风险，人们可承受的风险水平较高。

❷ 非自愿风险：指个人、社会、企业不愿意承担的风险。安全生产类风险，如各类事

故、隐患、缺陷、违规等不期望事件，都是非自愿风险。对于非自愿风险，政府、社会和企业的控制责任较大，可接受的水平较低。

7. 按风险的程度分类

❶ 低风险：一般不太可能发生，造成的影响或损失极小的风险。

❷ 一般风险：发生可能性较低，造成的影响或损失较小的风险。

❸ 较大风险：发生可能性较大，造成的影响或损失较大的风险。

❹ 重大风险：发生可能性特大，造成的影响或损失特别重大的风险。也有将风险等级分为红、橙、黄、蓝4级。风险的控制措施要根据级别高低进行有效的设计和实施。

8. 按风险的表象分类

❶ 显现风险：指显现出形式或后果的风险状态，如停电、触电、坠落、噪声、中毒、泄漏、火灾、爆炸、坍塌、踩踏等突发事件及危害因素。

❷ 潜在风险：指存在于潜在或隐形的风险状态，如异常、超负荷、不稳定、违章、环境不良等危险状态及因素。

9. 按风险的状态分类

❶ 静态风险：指风险的存在状态不随时间或空间的变化而变化的风险，如隐患、缺陷、坠落、爆炸、物击、机械伤害等不随时间变化的风险。

❷ 动态风险：指风险的存在状态随时间或空间的变化而变化的风险，如火灾、泄漏、中毒、水害、异常、不稳定、环境不良等随时间变化的风险。

10. 按风险的时间特征分类

❶ 短期风险：指存在时间较短的风险，如坠落、爆炸、物击、机械伤害、中毒、不安全行为、环境不良等发生过程短或存在时间不长的风险。

❷ 长期风险：指存在时间较长的风险，如隐患、缺陷、火灾、泄漏、水害、异常、不稳定等过程长或发展时间较长的风险。

11. 按风险引发事故的原因因素分类

❶ 人因风险：指风险成为引发事故的因素是人为因素的风险，如失误、三违、执行不力等。

❷ 物因风险：指风险成为引发事故的因素是设备、设施、工具、能量等物质因素。

❸ 环境风险：指风险成为引发事故的因素是环境条件因素的风险，如环境不良、异常等。

❹ 管理风险：指风险成为引发事故的因素是管理因素的风险，如制度缺失、责任不明确、规章不健全、监督不力、培训不到位、证照不全等；

12. 按风险的分析要素分类

❶ 设备风险：指针对设备分析的风险，如隐患、缺陷、故障、异常、危险源等。

❷ 工艺风险：指针对生产工艺分析的风险，如停电、失电、超压、失效、爆炸、火灾等。

❸ 岗位风险：指针对作业岗位分析的风险，如违章、差错、失误、坠落、物击、机械伤害、中毒等。

三、风险矩阵

风险矩阵方法是近年来应用日趋广泛的一种风险分析和度量方法。该方法最初在1995

年由美国空军电子系统中心研发成功，用于评估采购项目周期中存在的各种风险，在提出后不久就被广泛应用于许多其他行业的风险评估中，例如：建筑项目管理、企业风险管理等。许多国际石油化工和化工公司也逐渐引入此方法建立了本企业的风险矩阵和风险可接受准则。

风险矩阵是将每个损失事件发生的可能性（L）和后果严重程度（S）两个要素结合起来，根据风险 R 在两维平面矩阵中的位置，将其划分为多个等级；风险矩阵横向代表事件发生的可能性，纵向代表后果的严重程度，行列交叉点的 R 值即为所确定的计算结果。在风险矩阵中，横向为事故概率等级，共分为八级，从左往右，等级逐渐升高；纵向为后果的严重程度等级，共分为七级，从上往下，等级逐渐升高；在矩阵中，风险为蓝色的表示低风险，一般可接受，风险为黄色的表示中风险，一般可接受（在后果中人员方面的风险为黄色，且对应的数值为 17 时，不可接受）；在矩阵中风险为橙色的表示高风险，是不可接受的；在矩阵中，风险为红色的表示极端风险，是不可接受的，图 10-2 为中石化安全风险矩阵。

风险矩阵作为一种有效的风险评估和管理方法，具有以下优点：

❶ 广泛的适用性。该方法适用于评估包括石油化工和化工行业在内的多个行业的毒物扩散、火灾和爆炸等多种工艺危险事故类型，以及每种事故类型在人员、财产、环境、声誉等方面带来的风险。

❷ 简单直观的陈述。对发生可能性、严重程度和风险等级等输入输出量直接使用文字或数字表述，通俗易懂、清晰明了，且能满足应用要求。

❸ 可运用实际的经验。风险分析团队在运用该方法进行风险评估时，不需要经过复杂的计算和推理，可以直接运用长期经验积累，或者参照有限的原始数据（例如：基于已发生的事故、本行业的历史统计数据）获得事故发生可能性和破坏严重程度的判断，从而确定事故的风险等级。

❹ 经过简单的培训就可以使用。风险矩阵方法把发生的可能性和严重程度直接作为计算风险等级的两个输入变量，使用人员不需要掌握复杂数学模型、全面的风险评估知识和技能。所以该方法易于理解和掌握，且便于使用。

但作为一种简化的风险评估方法，风险矩阵方法不可避免地存在以下不足之处：

❶ 结果精度低。典型的风险矩阵仅能直观比较小范围内随机选择的风险，量值上差异很大的风险可能会被分配到相同的风险等级。

❷ 可能得到错误的评估结果。与复杂的定量风险评估技术相比，风险矩阵方法不能克服人直观认识的固有局限性，量值较低的风险可能会被分配较高的风险等级。例如：对负相关的事故发生频率和严重程度两个输入变量，即严重程度越高则发生可能性越低，由于风险矩阵评估方法的结果依赖于参与人员的经验和直观认识，甚至是猜测，在没有历史统计数据、事故后果模拟分析等客观数据支持时，可能会得到错误的判断。

❸ 资源优化配置作用有限。风险矩阵方法划分出的风险等级，不能充分论证预防性保护措施或减缓性保护措施的功效，所以有时候很难实现风险降低措施资源的优化配置。

❹ 输入和输出不清晰。严重事故后果的不确定性导致不能客观地对后果严重程度进行准确分类。风险矩阵的输入（可能性和严重程度的分级）和输出（风险等级）是基于参与人员经验、甚至主观臆断完成的，不同的人员或工艺危险分析团队对某个风险的判断可能出现相反的结果。

安全风险矩阵（彩图）

安全风险矩阵

发生的可能性等级——从不可能到频繁发生 →

后果等级（事故严重性等级，从轻到重 ⇒）	1 类似的事件在石油化工行业没有发生过，且发生的可能性极低 <10⁻⁶/年	2 类似的事件没有在石油化工行业发生过 10⁻⁶~10⁻⁵/年	3 类似事件在石油化工行业发生过 10⁻⁵~10⁻⁴/年	4 类似的事件在中国石化曾经发生过 10⁻⁴~10⁻³/年	5 类似的事件发生过或者多个相似设备设施的使用寿命中发生 10⁻³~10⁻²/年	6 在设备设施的使用寿命内可能发生1或2次 10⁻²~10⁻¹/年	7 在设备设施的使用寿命内能发生多次 10⁻¹~1/年	8 在设备设施中经常发生（至少每年发生）≥1/年
A	1	1	2	3	5	7	10	15
B	2	2	3	5	7	10	15	23
C	2	3	5	7	11	16	23	35
D	5	8	12	17	25	37	55	81
E	7	10	15	22	32	46	68	100
F	10	15	20	30	43	64	94	138
G	15	20	29	43	63	93	136	200

图 10-2 中石化安全风险矩阵

四、风险矩阵在 HAZOP 分析中的应用

完整的风险矩阵通常包括风险矩阵、后果严重程度分级规则表、发生可能性分级规则表、风险等级说明表四个构成要素；也可以在风险矩阵中直接描述事故严重程度分级规则和发生可能性分级规则。

【讲解视频】事故剧情

HAZOP 分析时，可以利用公司已经制订并批准的风险矩阵评估事故剧情的风险等级。

如果要求评估事故剧情的固有风险，HAZOP 分析人员可以利用工艺装置运行经验和知识、以往事故统计资料、设备失效统计数据阵等，且不考虑其他预防性保护措施对发生可能性的修正作用，判断初始事件的发生可能性，并在事故发生可能性分级表中找到对应的级别；然后，在不考虑事故后果减缓性保护措施的条件下，评估事故剧情后果的严重程度，并在事故后果严重程度分级表中找到对应的级别。利用以上两个步骤找到的事故剧情发生可能性级别和事故后果严重程度级别，确定各自在风险矩阵表中对应的行和列，则此行和此列的交叉位置就是该事故剧情的风险等级。对照风险等级说明表就能发现此风险等级的风险控制策略或风险降低措施。

如果要利用风险矩阵评估事故剧情的剩余风险，则在判断事故剧情的发生可能性时，需要考虑已经设置的预防性保护措施对发生可能性的修正作用，例如：将预防性保护措施的可靠性在 0（完全失效）和 1 之间（完全有效）进行赋值，结合初始事件发生频率，对后果事件（人员伤亡、财产损失、环境破坏、声誉下降等）的发生可能性进行调整。当初始事件和后果事件中间存在多个预防性保护措施时，应考虑这些保护措施是否为"独立保护层"，是否存在"共因失效"。如果属于独立保护层，则保护措施失效概率等于各个保护措施失效概率的乘积。

在评估事故剧情的剩余风险时，还需要考虑已经设置的减缓性保护措施对事故后果严重程度的修正作用。

对复杂的事故模式，例如：涉及的预防性保护措施或减缓性保护措施多，造成初始事件之后的事件序列将朝向多个后果事件类型演变，推荐利用构建事件树的方法使得事件序列条理化、结构化，从而在衡量保护措施对后果事件发生可能性和影响严重程度的干预作用时，变得清晰和直观。

不同公司利用风险矩阵评估事故剧情风险等级的具体做法存在差异。例如，某些公司认为被动防护措施失效概率很低，一般仅影响后果事件的数量和位置（例如围堰限制了物料流动），所以把被动防护措施作为中间事件，并认为不会失效（可靠度等于 1），例如：围堰或防火堤、电力装置危险区域划分（包括接地、等电位跨接、防爆电器选型）等；认为主动防护措施存在失效可能性（可靠度大于 0，但小于 1），对主动保护措施赋予一定的可靠度数值，用于修正后果事件的发生可能性。但是，也有些公司不考虑已有保护措施对发生可能性的修正作用，假定只要初始事件发生，后果事件肯定发生，即预防性保护措施的失效概率等于 1，这类假设条件下事故剧情后果事件的发生可能性等于初始事件的发生可能性。

HAZOP 分析中，为确保风险矩阵方法的应用质量，应做到：

❶ 对事故后果严重性和发生可能性两个要素的判断是独立的、不受干扰的。

❷ 风险等级划分应遵守公司制定的后果严重程度分级规则和可能性分级规则，经集体讨论，"头脑风暴"共同确定。

❸ 对风险矩阵的后果严重性和可能性的判断应该由一个有经验的团队讨论后作出，团

队中的每一个成员应该接受过风险矩阵方法的培训。

❹ 对风险等级的判定存在争议，且风险等级又可能属于高风险时，建议借助事故后果模拟技术，并基于设备失效历史统计数据，或者通过事件树方法，确定其发生可能性，必要时可利用其他更细致的定量风险评估技术，力求准确判定风险等级。

风险矩阵方法非常依赖于人员的经验和知识，因此由于分析团队中成员的经验和认识不同，评估某个事故剧情的风险等级也会产生差异。但是不能随意地调整可能性等级和严重性等级，更不要为了刻意强调某类危险或者风险，而有意主观地调整风险等级。

另外，风险矩阵和风险等级的确定并不是 HAZOP 分析的唯一目标，HAZOP 分析仍是为了辨识工艺系统中存在的危险及其发生途径。但 HAZOP 分析中使用风险矩阵方法能够为评估现有保护措施能否将事故剧情风险降低到可接受水平，以及优化配置用于进一步降低风险的资源提供有效途径。

【任务实施】

通过任务学习，完成风险和风险矩阵的基础认知（工作任务单 10-1）

要求：1. 按授课教师规定的人数，分成若干个小组（每组 5 ~ 7 人）。

2. 完成后，以小组为单位向全体分享。

3. 时间在 30min 内，成绩在 90 分以上。

工作任务一　风险认知和风险矩阵应用		编号：10-1
考查内容：风险和风险矩阵基础知识		
姓名：	学号：	成绩：

1. 在工业生产系统中，风险是指特定危害事件或事故发生的_____与_____的结合。

2. 风险矩阵是将每个损失事件发生的_____（L）和_____（S）两个要素结合起来，根据风险 R 在两维平面矩阵中的位置，将其划分为多个等级；风险矩阵_____代表事件发生的可能性，_____代表后果的严重程度，行列交叉点的 R 值即为所确定的计算结果。在风险矩阵中，横向为事故概率等级，共分为_____级，从左往右，等级逐渐_____；纵向为后果的严重程度等级，共分为级，从上往下，等级逐渐；在矩阵中，风险为_____色的表示低风险，一般可接受，风险为_____色的表示中风险，一般可接受（在后果中人员方面的风险为黄色，且对应的数值为_____时，不可接受）；在矩阵中风险为_____色的表示高风险，是不可接受的；在矩阵中，风险为_____色的表示极端风险，是不可接受的。

【任务反馈】

简要说明本次任务的收获、感悟或疑问等。

1	我的收获

任务二 后果严重等级分类

任务目标	了解后果严重等级分类
任务描述	通过学习后果严重等级分类，掌握其确定方法

📖 【相关知识】

一、后果

后果指工艺系统偏离设计意图时所导致的结果，通常是指后果事件造成的物理效应（例如热辐射、超压和冲量、暴露浓度等）和影响，例如：火灾、爆炸和有毒物质扩散及其造成的人员伤亡和疏散、环境破坏、经济损失等影响。严重性是指后果的性质、条件、强度、残酷性等衡量破坏程度和负面影响的指标，例如泄漏量、扩散距离和覆盖范围、人员死亡数量、经济价值损失等。

过程安全事故造成危险物料泄漏，并有可能进一步扩大为火灾、爆炸、毒性物料扩散等灾害形式，事故影响比较严重。衡量后果事件造成的后果一般从人员、环境、财产、声誉等几个不同方面分别考虑。根据《生产安全事故报告和调查处理条例》（中华人民共和国国务院令第493号）第三条的规定，生产安全事故造成的人员伤亡和直接经济损失，一般分为以下等级：

❶ 特别重大事故，是指造成30人以上死亡，或者100人以上重伤（包括急性工业中毒，下同），或者1亿元以上直接经济损失的事故；

❷ 重大事故，是指造成10人以上30人以下死亡，或者50人以上100人以下重伤，或者5000万元以上1亿元以下直接经济损失的事故；

❸ 较大事故，是指造成3人以上10人以下死亡，或者10人以上50人以下重伤，或者1000万元以上5000万元以下直接经济损失的事故；

❹ 一般事故，是指造成3人以下死亡，或者10人以下重伤，或者1000万元以下直接

经济损失的事故。

《国家突发环境事件应急预案》（中华人民共和国国务院，2004 年）将突发环境事件分为特别重大环境事件（Ⅰ级）、重大环境事件（Ⅱ级）、较大环境事件（Ⅲ级）和一般环境事件（Ⅳ级），详细如下：

❶ 特别重大环境事件（Ⅰ级）。凡符合下列情形之一的，为特别重大环境事件：

a. 发生 30 人以上死亡，或中毒（重伤）100 人以上；

b. 因环境事件需疏散、转移群众 5 万人以上，或直接经济损失 1000 万元以上；

c. 区域生态功能严重丧失或濒危物种生存环境遭到严重污染；

d. 因环境污染使当地正常的经济、社会活动受到严重影响；

e. 利用放射性物质进行人为破坏事件，或 1、2 类放射源失控造成大范围严重辐射污染后果；

f. 因环境污染造成重要城市主要水源地取水中断的污染事故；

g. 因危险化学品（含剧毒品）生产和储运中发生泄漏，严重影响人民群众生产、生活的污染事故。

❷ 重大环境事件（Ⅱ级）。凡符合下列情形之一的，为重大环境事件：

a. 发生 10 人以上 30 人以下死亡，或中毒（重伤）50 人以上 100 人以下；

b. 区域生态功能部分丧失或濒危物种生存环境受到污染；

c. 因环境污染使当地经济、社会活动受到较大影响，疏散转移群众 1 万人以上 5 万人以下的；

d. 1、2 类放射源丢失、被盗或失控；

e. 因环境污染造成重要河流、湖泊、水库及沿海水域大面积污染，或县级以上城镇水源地取水中断的污染事件。

❸ 较大环境事件（Ⅲ级）。凡符合下列情形之一的，为较大环境事件：

a. 发生 3 人以上 10 人以下死亡，或中毒（重伤）50 人以下；

b. 因环境污染造成跨地级行政区域纠纷，使当地经济、社会活动受到影响；

c. 3 类放射源丢失、被盗或失控。

❹ 一般环境事件（Ⅳ级）。凡符合下列情形之一的，为一般环境事件：

a. 发生 3 人以下死亡；

b. 因环境污染造成跨县级行政区域纠纷，引起一般群体性影响的；

c. 4、5 类放射源丢失、被盗或失控。

HAZOP 分析考虑事故后果严重程度时，如果评估系统的固有风险，则假定被分析装置的所有硬件和软件防护措施都已经失效，不考虑旨在降低后果事件影响的减缓性措施的作用，即只针对初始事件引发的最严重后果及其严重程度；如果评估系统的剩余风险，则考虑装置已经采取的减缓性保护措施在降低事故后果严重程度方面发挥的作用。

伤害后果需要考虑健康与安全影响、财产损失影响、非财务与社会影响三类，按严重性从轻微到特别重大分为 7 个等级，依次 A、B、C、D、E、F 和 G，后果严重性等级分类详见表 10-1。其中重伤标准执行原劳动部《关于重伤事故范围的意见》；事故直接经济损失按《中国石化安全事故管理规定》的相关规定执行。

如图 10-2 所示，风险矩阵中每一个具体数字代表该风险的风险指数值 RI，非绝对风险值，最小为 1，最大为 200。风险指数值表征了每一个风险等级的相对大小。

对于某风险的具体风险等级，应取三种后果中最高的风险等级，采用后果严重性等级的代表字母和可能性等级数字组合表示。例如：当后果等级为 A，可能性等级为 7 时，其对应的风险等级为 A7。

表 10-1　后果严重性分级表

后果等级	健康和安全影响（人员损害）	财产损失影响	非财务性影响与社会影响
A	轻微影响的健康/安全事故： 1.急救处理或医疗处理，但不需住院，不会因事故伤害损失工作日； 2.短时间暴露超标，引起身体不适，但不会造成长期健康影响	事故直接经济损失在 10 万元以下	能够引起周围社区少数居民短期内不满、抱怨或投诉（如抱怨设施噪声超标）
B	中等影响的健康/安全事故： 1.因事故伤害损失工作日； 2.1～2 人轻伤	直接经济损失 10 万元以上，50 万元以下；局部停车	1.当地媒体的短期报道； 2.对当地公共设施的日常运行造成干扰（如导致某道路在 24h 内无法正常通行）
C	较大影响的健康/安全事故： 1.3 人以上轻伤或 1～2 人重伤（包括急性工业中毒，下同）； 2.暴露超标，带来长期健康影响或造成职业相关的严重疾病	直接经济损失 50 万元及以上，200 万元以下；1～2 套装置停车	1.存在合规性问题，不会造成严重的安全后果或不会导致地方政府相关监管部门采取强制性措施； 2.当地媒体的长期报道； 3.在当地造成不利的社会影响。对当地公共设施的日常运行造成严重干扰
D	较大的安全事故，导致人员死亡或重伤： 1.界区内 1～2 人死亡或 3～9 人重伤； 2.界区外 1～2 人重伤	直接经济损失 200 万元以上，1000 万元以下；3 套及以上装置停车；发生局部区域的火灾爆炸	1.引起地方政府相关监管部门采取强制性措施； 2.引起国内或国际媒体的短期负面报道
E	严重的安全事故： 1.界区内 3～9 人死亡或 10 人及以上，50 人以下重伤； 2.界区外 1～2 人死亡或 3～9 人重伤	事故直接经济损失 1000 万元以上，5000 万以下；发生失控的火灾或爆炸	1.引起国内或国际媒体长期负面关注； 2.造成省级范围内的不利社会影响；对省级公共设施的日常运行造成严重干扰； 3.引起了省级政府相关部门采取强制性措施； 4.导致失去当地市场的生产、经营和销售许可证
F	非常重大的安全事故，将导致工厂界区内或界区外多人伤亡： 1.界区内 10 人及以上，30 人以下死亡或 50 人及以上，100 人以下重伤； 2.界区外 3～9 人死亡或 10 人及以上，50 人以下重伤	事故直接经济损失 5000 万元以上，1 亿元以下	1.引起了国家相关部门采取强制性措施； 2.在全国范围内造成严重的社会影响； 3.引起国内国际媒体重点跟踪报道或系列报道

后果等级	健康和安全影响 （人员损害）	财产损失影响	非财务性影响与社会影响
G	特别重大的灾难性安全事故，将导致工厂界区内或界区外大量人员伤亡： 1. 界区内 30 人及以上死亡或 100 人及以上重伤； 2. 界区外 10 人及以上死亡或 50 人及以上重伤	事故直接经济损失 1 亿以上	1. 引起国家领导人关注，或国务院、相关部委领导作出批示； 2. 导致吊销国际国内主要市场的生产、销售或经营许可证； 3. 引起国际国内主要市场上公众或投资人的强烈愤慨或谴责

二、最低合理可行（ALARP）原则和可接受风险区域

ALARP 原则指在当前的技术条件和合理的费用下，对风险的控制要做到在合理可行的原则下"尽可能低"。按照 ALARP 原则，风险区域可分为：

❶ 不可接受的风险区域。在容忍风险值以上的风险区域。在这个区域，除非特殊情况，风险是不可接受的，需要采取措施降低风险。

❷ 有条件容忍的风险区域。容忍风险线与接受风险线之间的风险区域。在这个区域内必须满足以下条件之一时，风险才是可容忍的：

——在当前的技术条件下，进一步降低风险不可行；

——降低风险所需的成本远远大于降低风险所获得的收益。

❸ 广泛可接受的风险区域。指接受风险线以下的低风险区域。在这个区域，剩余风险水平是可忽略的，一般不要求进一步采取措施降低风险。但有必要保持警惕以确保风险维持在这一水平。

容忍风险是 ALARP（最低合理可行）区域的上限值，当超过该值时，风险属于不可容忍风险。在中石化风险矩阵中，人员伤害的容忍风险：界区内人员（主要指在厂界内工作的人员，包括内部员工、承包商员工等）年度累计死亡风险应小于等于 10^{-3}/ 年。界区外人员（主要指厂界外的社会人员）年度累计死亡风险应小于等于 10^{-4}/ 年。当风险处于容忍风险区域时，应采用 ALARP 原则确定风险是否可以接受。

可接受风险是 ALARP 区域的下限值，小于等于该值时，风险属于广泛可接受的风险。在中国石化风险矩阵中，人员伤害的可接受风险：界区内人员年度累计死亡风险应小于等于 10^{-5}/ 年。界区外人员（主要指厂界外的社会人员）年度累计死亡风险应小于等于 10^{-6}/ 年。

对于一般风险、较大风险和重大风险，执行最低安全要求使最终风险处于容忍风险（ALARP 区）时，应当采用 ALARP 原则决定是否还需要采用额外的保护层进一步降低风险。

ALARP 原则推荐在合理可行的情况下，把风险降低到"尽可能低"。如果一个风险位于两种极端情况（不可接受区域和广泛可接受的风险区域）之间，如果满足 ALARP 原则，如图 10-3 所示，则所得到的风险可认为是可容忍的风险。

根据 ALARP 原则，可接受风险区域指满足 ALARP 条件的容忍风险区域和广泛可接受的风险区域（低风险）。

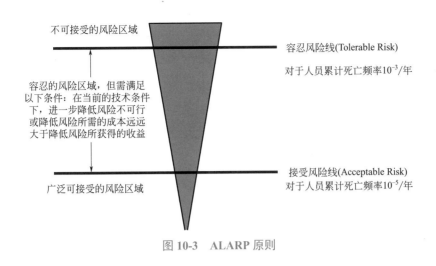

图 10-3　ALARP 原则

三、各级风险的最低安全要求

在生产经营活动中，初始风险决定了需要采取的风险控制措施及其可靠性等级；而剩余风险表征在现有安全措施（安全保护层）下实际存在的风险，判断风险是否可以接受。

根据 ALARP 原则，中石化风险矩阵中各级风险的最低安全要求见表 10-2。

表 10-2　各级风险的最低安全要求

风险级别	剩余风险值 RI（Risk Index）	风险水平	最低安全要求	建议的风险控制负责部门
低风险	$RI < 10$	广泛可接受的风险	执行现有管理程序、保持现有安全措施完好有效，防止风险进一步升级	基层单位
一般风险	$10 \leqslant RI < 15$	容忍的风险（ALARP 区）	可进一步降低风险，设置可靠的监测报警设施或高质量的管理程序	二级单位
	$15 \leqslant RI < 20$	容忍的风险（ALARP 区）	可进一步降低风险。设置风险降低倍数等同于 SIL1 的保护层	二级单位
较大风险	$20 \leqslant RI < 40$	高风险，不可容忍的风险	1. 应当进一步降低风险。设置风险降低倍数等同于 SIL2 或 SIL3 的保护层 2. 新建装置应当在设计阶段降低风险；在役装置应当采取措施降低风险	企业主管部门
重大风险	$40 \leqslant RI < 60$	非常高的风险，不可容忍风险	1. 必须降低风险。设置风险降低倍数等同于 SIL3 的保护层 2. 新建装置应当在设计阶段降低风险；在役装置应当立即采取措施降低风险	企业领导层
	$RI \geqslant 60$	极其严重的风险，不可容忍的风险	新建装置改变工艺或设计。对在役装置应当立即采取措施降低风险，直至停车	企业领导层

通过任务学习，完成后果严重等级分类（工作任务单 10-2）。

要求：1. 按授课教师规定的人数，分成若干个小组（每组 5 ~ 7 人）。

2. 完成后，以小组为单位向全体分享。

3. 时间在 30min 内，成绩在 90 分以上。

工作任务二 后果严重等级分类		编号：10-2
考查内容：事故后果分类分级		

姓名：	学号：	成绩：

　　1. 根据《生产安全事故报告和调查处理条例》（中华人民共和国国务院令第 493 号）第三条的规定，生产安全事故造成的人员伤亡和直接经济损失，一般分为以下等级：

　　①特别重大事故，是指造成＿＿＿人以上死亡，或者＿＿＿人以上重伤（包括＿＿＿，下同），或者＿＿＿元以上直接经济损失的事故；

　　②重大事故，是指造成＿＿＿人以上＿＿＿人以下死亡，或者＿＿＿人以上＿＿＿人以下重伤，或者＿＿＿元以上＿＿＿元以下直接经济损失的事故；

　　③较大事故，是指造成＿＿＿人以上＿＿＿人以下死亡，或者＿＿＿人以上＿＿＿人以下重伤，或者＿＿＿元以上＿＿＿元以下直接经济损失的事故；

　　④一般事故，是指造成＿＿＿人以下死亡，或者＿＿＿人以下重伤，或者＿＿＿元以下直接经济损失的事故。

　　2. 伤害后果需要考虑＿＿＿影响、＿＿＿影响、＿＿＿影响三类。

✍ 【任务反馈】————————————————————

简要说明本次任务的收获、感悟或疑问等。

1 我的收获

2 我的感悟

3 我的疑问

任务三 初始事件频率分析

任务目标	1. 了解 HAZOP 分析初始事件频率的判定 2. 掌握 HAZOP 分析初始事件可能性等级判定的方法
任务描述	通过对本任务的学习，知晓 HAZOP 初始事件频率的分析方法

【相关知识】

在石油化工行业中一般根据以往行业中事故发生的历史统计数据，将初始事件频率划分为八个级别，每个级别按照发生概率的大小分别对应不同的定性和数量级上定量的描述。具体划分标准如下，见表 10-3。

表 10-3　发生的可能性等级分级表

可能性分级	定性描述	定量描述
	（定性描述仅作为初步评估风险等级使用，在设计阶段评估风险或精确评估风险等级时，应采用定量描述）	发生的频率 F（次 / 年）
1	类似的事件没有在石油石化行业发生过，且发生的可能性极低	$\leqslant 10^{-6}$
2	类似的事件没有在石油石化行业发生过	$10^{-5} \geqslant F > 10^{-6}$
3	类似事件在石油石化行业发生过	$10^{-4} \geqslant F > 10^{-5}$
4	类似的事件在中国石化曾经发生过	$10^{-3} \geqslant F > 10^{-4}$
5	类似的事件在本企业相似设备设施（使用寿命内）或相似作业活动中发生过	$10^{-2} \geqslant F > 10^{-3}$
6	在设备设施（使用寿命内）或相同作业活动中发生过 1 或 2 次	$10^{-1} \geqslant F > 10^{-2}$
7	在设备设施（使用寿命内）或相同作业中发生过多次	$1 \geqslant F > 10^{-1}$
8	在设备设施或相同作业活动中经常发生（至少每年发生）	$\geqslant 1$

【任务实施】

通过任务学习，完成初始事件频率分析（工作任务单 10-3）。

要求：1.按授课教师规定的人数，分成若干个小组（每组 5～7 人）。

2.完成后，以小组为单位向全体分享。

3.时间在 30min 内，成绩在 90 分以上。

工作任务三　初始事件频率分析　　编号：10-3			
考查内容：初始事件可能性定级的准确性			
姓名：	学号：	成绩：	

根据本书石油化工行业 8 级初始事件频率分级标准，完成下列填空题。

（1）对于类似的事件在本企业相似设备设施（使用寿命内）或相似作业活动中发生过的初始事件，应当定为（　　）级频率初始事件，对应的发生频率区间为（　　）$\geqslant F >$（　　）。

（2）对于设备设施（使用寿命内）或相同作业中发生过多次的初始事件，应当定为（　　）级频率初始事件，对应的发生频率区间为（　　）$\geqslant F >$（　　）。

（3）对于类似的事件没有在石油石化行业发生过，且发生的可能性极低的初始事件，应当定为（　　）级频率初始事件，对应的发生频率区间为（　　）$\geqslant F >$（　　）。

（4）对于类似的事件在中国石化曾经发生过的初始事件，应当定为（　　）级频率初始事件，对应的发生频率区间为（　　）$\geqslant F >$（　　）。

（5）对于在设备设施或相同作业活动中经常发生（至少每年发生）的初始事件，应当定为（　　）级频率初始事件，对应的发生频率区间为 $F \geqslant$（　　）。

✎【任务反馈】

简要说明本次任务的收获、感悟或疑问等。

1 我的收获

2 我的感悟

3 我的疑问

【项目综合评价】

姓名		学号		班级	
组别		组长及成员			

<table>
<tr><td colspan="5" align="center">项目成绩：　　　　　　　　总成绩：</td></tr>
<tr><td align="center">任务</td><td align="center">任务一</td><td align="center" colspan="2">任务二</td><td align="center">任务三</td></tr>
<tr><td align="center">成绩</td><td></td><td colspan="2"></td><td></td></tr>
</table>

自我评价			
维度	自我评价内容		评分
知识	1. 了解风险的定义（5分）		
	2. 了解风险矩阵中行与列的含义（5分）		
	3. 了解后果严重等级的基本概念（5分）		
	4. 掌握后果严重等级的确定方法（5分）		
	5. 了解初始事件频率（5分）		
	6. 了解事故剧情的概念（5分）		
	7. 了解事故剧情的构成（5分）		
能力	1. 会进行风险计算（5分）		
	2. 能判断后果严重等级（5分）		
	3. 能确定矩阵中的风险（5分）		
	4. 能确定事故发生的可能性（10分）		
素质	1. 具有一定的风险认知能力（10分）		
	2. 具备对后果严重等级分类的判断能力（10分）		
	3. 通过学习，提高学生综合判断、分析问题能力（10分）		
	4. 通过对风险矩阵的理解和使用，培养理论联系实际的能力（10分）		
总分			
我的反思	我的收获		
	我遇到的问题		
	我最感兴趣的部分		
	其他		

项目十　风险和风险矩阵认知与应用　　167

HAZOP 分析与安全人才培养

据行业数据统计，2020 年 1~11 月，全国共发生化工事故 127 起、死亡 157 人，同比减少 16 起、96 人，分别下降 11.2%、37.9%，安全生产形势保持稳定，这其中的影响因素之一就是得益于行业应用 HAZOP 的逐渐普及。由此可见，HAZOP 分析的应用对预防安全事故具有重要意义。

做好安全生产工作，必须把握主要矛盾。举例而言，2019 年 7 月 9 日，某企业获评河南省 2019 年首批"安全生产风险隐患双重预防体系建设省级标杆企业（单位）"，仅仅过去 10 天，就发生了事故。这起事故值得我们反思，有的人把事故当成故事听，"举一反三"只停留在口头上。事故发生后，对其原因的分析往往不够全面，人云亦云。如果事先就实行了 HAZOP 分析，对于还存在哪些可能的原因，结合自己生产实际来详细分析，或许就能把隐患排查出来并提前采取可靠的防范措施，从而避免惨烈事故的发生。**这也警示我们既要理清思路，充分重视 HAZOP 分析；也要明确方向，正确应用 HAZOP 分析，做到有备无患。**

行业的发展，关键靠人才，基础在教育。目前，技能人才数量近五年缺口越来越大。2015 ～ 2020 年，石油和化工行业技能劳动者增长需求约 108 万人，高技能劳动者增长需求约 38 万人，平均每年需求增长 21.6 万人和 7.6 万人，从行业全日制教育人才供给来看，技能劳动者每年有近 12 万人缺口，高技能劳动者每年有近 5 万人缺口。面对行业的需求，我们应该树立正确的价值观和就业观，**不断提升自身职业技能与素养**，将课上学习的知识充分**消化**，并通过相关培训和考证提升自身能力，为行业健康发展和构建本质安全的生态环境贡献自己的一份力量。

扫描二维码
查看更多资讯

进展篇

项目十一
计算机辅助 HAZOP 分析进展认知

 【学习目标】

> **知识目标**
> 1. 了解 HAZOP 分析的应用领域及其技术进展；
> 2. 了解国内外计算机辅助 HAZOP 分析软件进展。
>
> **能力目标**
> 1. 掌握多种安全评价方法的使用场景；
> 2. 掌握计算机辅助工具的使用方法。
>
> **素质目标**
> 1. 通过学习 HAZOP 分析的应用领域及其技术进展，认识 HAZOP 分析的重要前景；
> 2. 树立发展国内计算机辅助 HAZOP 分析软件的信心。

 【项目导言】

　　传统 HAZOP 分析方法由包括设计人员和现场操作人员在内的跨专业的专家小组完成，由于缺乏复杂系统安全评价的深层知识建模理论和推理方法，导致国内外的安全评价工作还主要依赖人工实现，这是一项既费时又费力的工作。目前计算机在安全评价中的作用还多为辅助人工进行评价生产过程的管理，包括人员、物性、危险、措施等的管理，真正运用计算机进行辅助推理、分析的技术为数极少，且实用性尚未完善到普及的程度。

　　而人工 HAZOP 分析存在以下缺点：

　　❶ HAZOP 分析是一个团队活动，通常有 5 ～ 8 名专业人员参与，并且有复杂的头脑风暴知识活动，非常耗时且容易使人疲劳，因此人工分析难于处理大规模的数据、信息和计算；

　　❷ HAZOP 人工分析大规模系统无法得到完备的结果，受到参会人员的经验素质影响，

决定了 HAZOP 分析质量的高低，即使有专家参与也难免出现漏评；

❸ HAZOP 人工分析采用口头讨论方式不严格，讨论时易出现概念混乱；

❹ HAZOP 人工评价得出的文本（说明）不规范，HAZOP 分析报告模板差异较大，不同公司的报告有差异，导致事后理解困难；

❺ HAZOP 分析费用普遍较高，通常按图纸计算工作成本，使得人工评价费时、费力、成本高。

计算机辅助 HAZOP 分析能够改进人工 HAZOP 分析的不足，使得 HAZOP 分析的效率大大提升，利用计算机实现 HAZOP 分析的自动化以及半自动化，必将会成为未来 HAZOP 分析领域的研究热点。

20 世纪 60 年代，当 HAZOP 分析方法首次发明时，工程师将 HAZOP 分析和讨论的结果记录在纸上，没有使用计算机或电子表格辅助记录。

计算机辅助 HAZOP 分析确实能够在很大程度上改进人工 HAZOP 分析的不足，使 HAZOP 分析的效率大大提升。后来，HAZOP 分析方法经常使用 Excel 等电子表格（图 11-1）进行记录，明显提高了分析效率。再后来，欧美国家发展了软件辅助的 HAZOP 分析方法，如：PHA-works（图 11-2）、PHA-pro（图 11-3）、PHA-leader 等软件，规范了记录格式，提高了 HAZOP 的应用水平。

现在开发的 HAZOP 分析软件模式，普遍认为有两个流派：一是文档记录型软件，如 PHA-works 等；二是智能型软件，如基于 SDG 模型的软件等。记录型软件在提高录入效率方面比 Excel 电子表格有明显的优势，但是不能帮助分析人员发散思维。SDG 智能型软件号称实现 70% 常规的分析，另外 30% 还是需要专家的研判。缺点是在分析之前需要建立模型，模型的建立不仅需要专业的人员，而且还要花费大量的时间。

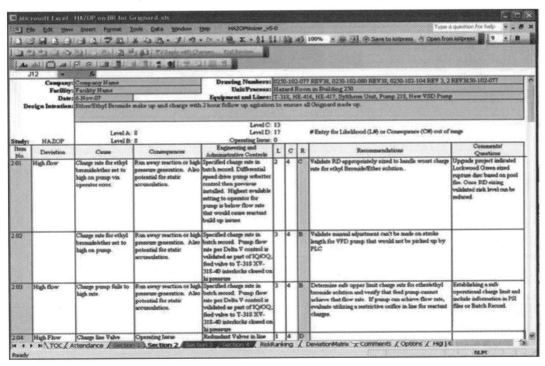

图 11-1　Excel 模板

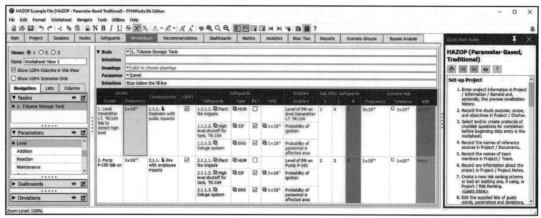

图 11-2 PHA-works 软件

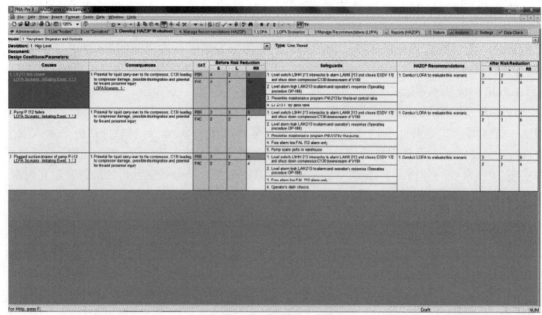

图 11-3 PHA-pro 软件

所以我们认为 HAZOP 分析软件主要作用并不是替代的工作,计算机辅助 HAZOP 分析软件作为一个工具软件,由会议的记录员使用并记录会议讨论分析的情况,避免了 HAZOP 分析团队每个成员都使用软件来记录自己的所思所想,可以辅助分析团队高效地开展 HAZOP 分析工作和提高 HAZOP 分析报告的质量。

 【项目实施】

任务安排列表

任务名称	总体要求	工作任务单	建议课时
任务一 国外计算机辅助 HAZOP 分析软件进展认知	将通过该任务的学习,了解国外计算机辅助 HAZOP 分析软件进展	11-1	1

任务名称	总体要求	工作任务单	建议课时
任务二 国内计算机辅助 HAZOP 分析软件进展认知	将通过该任务的学习，了解国内计算机辅助 HAZOP 分析软件进展	11-2	1

任务一　国外计算机辅助 HAZOP 分析软件进展认知

任务目标	1. 了解国外计算机辅助 HAZOP 分析软件发展历程 2. 了解国外 HAZOP 分析软件的特点
任务描述	通过对本任务的学习，知晓国外 HAZOP 分析软件发展历程及特点

【相关知识】

随着计算机信息技术的发展，国际上从 20 世纪 80 年代开始，开发、推广、使用计算机软件，到 1980 年开始出现早期的计算机辅助 HAZOP 软件。D.A.Lihou 开发了在过程失控时的计算机辅助可操作性分析软件，该软件就是 CAFOS，其主要功能是过程失控时的计算机文字处理产生 HAZOP 分析说明。

1987 年，Parmar 和 Lees 采用基于规则的方法进行自动 HAZOP 分析，他们将单元过程中故障传播的知识表达为定性传播方程，把工厂 PID 图分解为由管道、泵、阀门所组成的"线"，其中有过程物流通过。控制回路由变送器、控制器和控制阀组成。流程中的旁路表达成一个独立的过程单元。这种方法只能找到直接的原因和后果，而完备的 HAZOP 必须考虑所有的非正常原因，并找到在全流程中偏离传播导致的后果。该软件只适用于小工厂系统，不适合于大规模工厂系统。早期的 HAZOP-CAD 软件都存在此问题。

1990 年，Karvonen、Heino 和 Suokas 在 KEE"专家系统"外壳上开发了一种基于规则的"专家系统"原型 HAZOPEX 软件。HAZOPEX 的知识库中具有过程系统的结构和搜索原因及后果的"规则"，用于搜索潜在原因的规则形式："IF 偏离类型、AND 过程结构 / 条件、THEN 潜在原因"。这种规则的一个重要缺点是：规则的条件部分取决于过程的结构。当过程单元增加时，规则的数量也增加，因此限制了该系统的通用性。

1991 年，Nagel 开发了一个基于归纳和演绎推理方法的化工厂危险化学反应的自动危险识别系统，包括了这些化学反应所需要的条件以及设计或操作故障。由于仅局限于反应类的危险，因此通用性差，对于通常所说的过程系统危险分析（PHA）用途受到限制。该系统采用归纳推理方法，通过考虑所有可能发生的反应来识别顶部潜在的反应危险。引用了一种对化学反应的语言来描述化学品、性质和反应。该模型语言由 Stephanopoulos、Henning 和 Leone（1991）开发，用于描述过程系统、单元操作、操作条件及特性。基于所产生的结论，可以构造故障树拓扑逻辑。

1992 年，P. Heino、A. Poucet 和 J. Suokas 代表芬兰、意大利与丹麦三国合作项目，介绍了他们正在开发的过程系统危险识别集成化软件包 STARS。该软件包由多种工具软件组成，例如：危险界定、危险识别、危险事件链模型的建立、危险的量化描述和原因后果建模等。

1995 年，Catino 和 Ungar 开发了 HAZOP 识别系统的原型，称为定性危险识别 QHI（Qualitative Hazard Identification）。QHI 的工作方式是采取穷举假定可能出现的故障，自动地构建定性过程模型，通过仿真检查危险。这种模型需要配合一个数据库，该库存有常见的故障，例如：泄漏、过滤器坏、管道破裂、控制器故障等，通过工厂的物理描述确定所有特定的工厂中可能发生的故障案例。该系统对于某些故障，仿真和危险识别可在数秒内完成，而对于许多其他案例要用数天时间。更有甚者，对于某些故障将 SUN 工作站的内存用尽，尚无法识别危险。以上缺点限制了 QHI 的工业应用。

1997 年，Faisal 和 Abbasi 介绍了基于知识的软件工具，称为 TOPHAZOP。该工具中知识库由两个主要部分组成：流程说明和常规知识库。流程说明又分成两个主要子库：过程单元与属性、原因及后果。过程单元（目标）构造成以属性为基础的框架性结构；而原因及后果构造成与框架关联的规则网络。常规知识分类为所属类的原因和所属类的后果。然而，下游流程单元的偏离传播和参数的交互作用没有被指出，可能导致不完备的 HAZOP 分析。

1998 年，Srinivasan 和 Dimitradis 提出了一种基于混合知识的数学程序框架，用以克服纯定量和定性 HAZOP 分析的缺点。其中，一个特定危险剧情的总特性被抽提成低成本的定性分析。如果需要，则进行更详细的定量分析以证明定性分析所获取的含糊的危险结论。该系统得出的结论再与该问题用纯定性推理的结论一并用工业案例试验进行验证。

1999 年，Turk 提出一个程序用于综合非时域的离散模型，该模型可获取给定的化工过程序贯现象和连续的动态关系。所提出的程序集中在基于给定说明辅助下的离散模型的建构方面。"说明"用于识别化工过程中相关的原因路径。该程序沿着这些原因路径反向搜索，以便构建状态变量的传递关系，包括物理系统、控制系统、操作顺序和操作特性。这样，提出的程序构建了一个离散模型，用于验证化工过程的安全和可操作性问题。

2000 年，能在计算机上运行的危险审查软件 HazardReviewLEADER 开发完成，并且达到了商用化。该软件提供了由人工专家组进行 HAZOP 分析时的一种"模板"式的工具，可以在软件提供的表格和索引的"导航"下，完成比较规范化的人工 HAZOP 分析。同时软件可以辅助生成 HAZOP 文本说明，结果文件能在多种文字与表格处理软件中共享。HazardReviewLEADER 是一种较成熟的计算机辅助 HAZOP "模板"和文字处理软件，没有危险识别和分析功能。

1996 ~ 2000 年，美国普渡大学以 V. Venkatasubramanian 教授为首的过程系统研究室的研究群体利用 SDG 方法开展 HAZOP 计算机辅助分析技术的研究工作。在研究中发现，利用基于深层知识模型符号有向图（SDG）推理的 HAZOP 方法，可以替代人工 HAZOP。该方法从复杂系统的内部逻辑关系入手，进行深层推理，有助于提高安全评价质量。SDG 方法具有建模与操作简单、分析快速且全面的特点，能够大大缩短安全评价的时间，降低评价的费用。而且，它能够以各种形式输出分析结果，便于人们查询和使用。V. Venkatasubramanian 等人充分利用 SDG 技术完备性好等优点，成功地将 SDG 方法应用于化工过程危险与可操作性分析。只要 SDC 模型合理，它能尽可能完备地揭示过程系统中潜在的故障及故障传播演变的途径。

因此，将 SDG 方法引入 HAZOP 是计算机辅助安全评价技术的一个飞跃，并且 SDG 方法在计算机辅助安全评价方面已显现出优势，现有基于该模型的智能化安全评价软件系统HAZOPExpert。经过在多项石油化工装置安全评价的应用，以及与人工评价结果对照表明，自动评价不但效率高、速度快，而且评价结论的完备性更好。

近年来，SRINIVASAN 等 SDG 模型基础上引入皮特里网表达间歇过程各操作间的状态转换，建立各状态下的 SDG 模型，根据过程系统状态的不同，分析时使用不同的 SDG 模型，以此实现间歇过程各状态的 HAZOP 分析，建立了 Batch HAZOPExpert 系统。

【任务实施】

通过任务学习，完成国外计算机辅助 HAZOP 分析软件进展认知（工作任务单 11-1）。

要求：1. 按授课教师规定的人数，分成若干个小组（每组 5 ～ 7 人）。

2. 完成后，以小组为单位向全体分享。

3. 时间在 30min 内，成绩在 90 分以上。

工作任务一　国外计算机辅助 HAZOP 分析软件进展认知		编号：11-1
考查内容：国外计算机辅助 HAZOP 分析软件进展认知		
姓名：	学号：	成绩：

判断题：

（1）Parmar 和 Lees 采用基于规则的方法进行自动 HAZOP 分析，这种方法将故障传播的知识表达为定量传播方程。（　　）

（2）早期的 HAZOP-CAD 软件都存在只适用于小工厂系统，不适合于大规模工厂系统的问题。（　　）

（3）原型 HAZOPEX 软件与 Nagel 开发的基于归纳和演绎推理方法的化工厂危险化学反应的自动危险识别系统通用性都比较差。（　　）

（4）将 SDG 方法引入 HAZOP 是计算机辅助安全评价技术的一个飞跃，软件自动评价不但效率高、速度快，而且评价结论的完备性更好。（　　）

【任务反馈】

简要说明本次任务的收获、感悟或疑问等。

1 我的收获

2 我的感悟

任务二　国内计算机辅助 HAZOP 分析软件进展认知

任务目标	1. 了解国内计算机辅助 HAZOP 分析软件 2. 了解国内 HAZOP 分析软件的特点
任务描述	通过对本任务的学习，知晓国内 HAZOP 分析软件发展历程及特点

【相关知识】

HAZOP 分析技术于 20 世纪 90 年代引入我国，到了 2000 年以后国内的一些企业和设计单位才开始运用 HAZOP 分析技术。但因为 HAZOP 分析耗时耗力，且对参与分析的成员要求极高，因此在我国开展得并没有那么顺利，在企业中的应用也比较有限。随着安全技术的要求越来越高，HAZOP 分析技术在国内依旧被无数专家学者和公司进行研究开发。

早期，国内很多公司都不太了解 HAZPO 分析的方法，中国绝大多数的 HAZOP 分析都是用 Excel 电子表格记录的。

目前国内已经有几家公司开发了相应的分析软件，并进行了商业化。下面介绍国内公司开发的 HAZOP 分析软件。

1. 北京思创信息系统有限公司的 HAZOP 软件（CAH）

该软件于 2004 年列入国家安全生产发展规划重点推广项目，2009 年荣获国家安全生产监督管理总局 "安全生产科技成果一等奖"，是我国首套自主研发的 HAZOP 软件工具，如图 11-4 所示。

HAZOP 软件（CAH）具有的特点：

❶ 满足 HAZOP 分析工作所需要的全部功能；

❷ 图形化界面，提高 HAZOP 分析质量，辅助提高 HAZOP 主席分析能力；

❸ 一键生成偏离，减少输入工作量；

❹ 优化偏离，减少重复分析，提高工作效率；

❺ 措施有针对性，避免分析中的漏洞；

❻ 保护层分析（LOPA）更简单，无需再做特定的 HAZOP 分析。

2. 杭州豪鹏科技有限公司 HAZOPkit 分析软件

2014 年，杭州豪鹏科技有限公司 HAZOPkit 分析软件开发团队推出了该公司首款 HAZOPkit 软件，如图 11-5 所示。

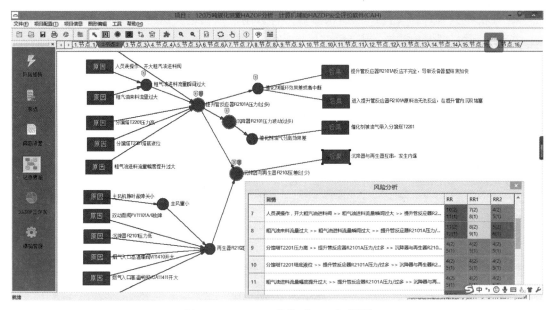

图 11-4　HAZOP 软件（CAH）界面

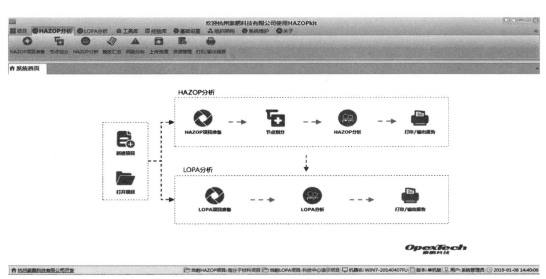

图 11-5　HAZOPkit 软件主界面

HAZOPkit 特色功能：

❶ 智慧引擎技术：采用智慧型数据库及高级分析引擎技术，提供危害识别及解决方案的专家支持，明显提升分析工作的质量，并加快编辑速度（约提高效率 60%）。

❷ 强大的分析工具库：近 3000 种常用化学品的物性信息，沸点压力工具等。

❸ 1000 多个典型事故案例的事故库；重要工艺安全参数查询工具等。

❹ 自动多行引导技术：可以融保护层分析（LOPA）概念于 HAZOP 之中。每个措施和建议项都有专家提示失效概率。

❺ 节点差异化管理：根据连续流程和间歇流程的特点，自动响应不同的输入页面，特别是针对间歇流程，配置了分步骤分析的便利。

❻ 多项目综合管理：所有历史项目均可以保存在强大的数据库系统内，相互参考引用。

⑦ 分析参数管理：支持国际通用参数集合，用户可自定义选择具体项目需要分析的参数，并支持新增加特殊参数，提高软件可操作性。

⑧ 工艺安全信息梳理：提供工艺安全信息清单。

⑨ 风险分布图（Risk Profile）：以直观的方式，展现 HAZOP 分析建议项完成前后的风险分布情况，如图 11-6 所示。

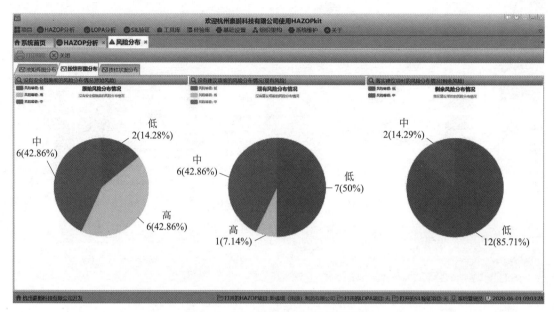

图 11-6　HAZOPkit 软件风险分布图

⑩ 建议项落实及跟踪机制：实现相关责任人管理，落实计划完成时间，并跟踪建议的完成状况，对于过期未完成的整改建议及时提醒。

⑪ 分析工具库：初始事件的频率和保护层的故障率的数据参考了美国 CCPS 的相关数据，为每一种事故情形赋予了风险评估所需要的基础数据，达到了半定量分析的目标。使用过程中，对每种事故情形的风险认知更加深刻，大幅提升了分析工作的质量。

⑫ 风险矩阵：软件集成了瑞迈咨询使用的风险矩阵作为默认矩阵，支持用户自定义风险矩阵，满足不同的风险标准，如图 11-7、图 11-8 所示。

3. 上海歌略软件科技有限公司 RiskCloud 风险分析软件

上海歌略软件科技有限公司开发了拥有独立知识产权的 RiskCloud 风险分析平台。该平台包含了 HAZOP、LOAP、SIL、QRA、FTA、RCA、FMEA、JHA、BowTie 等定性、定量风险分析工具，可用于工艺、自控仪表、设备、SHE 等部门，可满足设计院、工程公司、咨询公司、安全评价公司、高校，石油、化工、医药、机械、港口、物流等各行业企业全生命周期的风险分析及管控需求，并且可以延伸至 EHS 管理平台、动态风险管控平台、物联网平台等功能平台。

RiskCloud-HAZOP 功能特色：

（1）自定义设置分析表单　HAZOP 分析中的参数、偏差、详细偏差、原因、后果、严重度、可能性、保护措施等，各要素之间的逻辑关系（一对一、一对多、多对多）和各列的颜色、数据格式（数字、文本、日期、下拉框等）等均可以自定义设置；并且支持新增其他信息列。通过自定义配置，可以创建与企业实际完全匹配的风险分析模型。

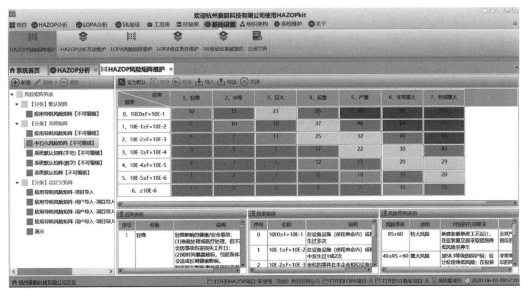

图 11-7　HAZOPkit 软件风险矩阵设置

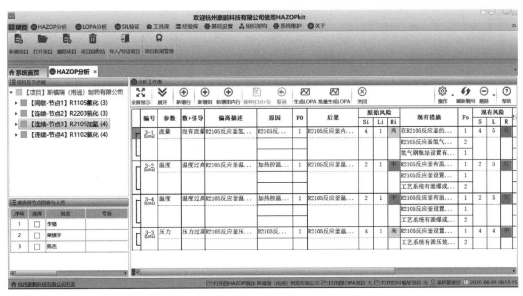

图 11-8　HAZOPkit 软件 HAZOP 分析

（2）丰富的风险矩阵库　RiskCloud 内嵌了包括中石油、中石化、中化、化学品安全协会等大量的风险矩阵，可以根据客户要求灵活选用。并且可以根据实际需求单独配置新的风险矩阵。

（3）丰富的 HAZOP 经验库　RiskCloud 软件内嵌了 HAZOP 分析数据经验库，根据参数自动关联匹配相应的偏差及原因、后果和保护措施等数据，也可以按照装置、设备、原料等进行分类查找，并且支持自主维护，形成本单位独具特色的经验库。同时，RiskCloud 内置了典型工艺、装置的 HAZOP 分析实战案例，供用户分析参考，如图 11-9 所示。

（4）直接生成隐患排查清单　HAZOP 分析的保护措施和建议措施可以直接生成措施清单，并直接发送至企业的隐患排查系统及关联移动端，生成隐患排查行动项，HAZOP 分析的数据能够快速便捷地进行深度应用。

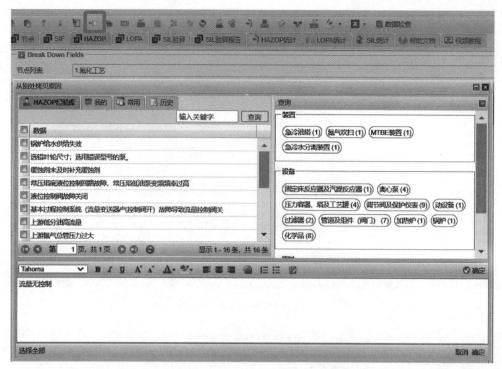

图 11-9　RiskCloud 风险分析软件

（5）HAZOP-LOPA 数据动态关联　RiskCloud 软件以风险等级为划分标准，将 HAZOP 与 LOPA 进行数据关联。HAZOP 分析的后果、原因、保护措施、可能性等内容可以直接关联至 LOPA 分析的后果、初始事件、独立保护层、初始事件概率。数据关联，保证了风险分析的系统性和有效性，大幅提高风险分析的效率和质量。

（6）HAZOP-BowTie 动态关联　基于 HAZOP 和 BowTie 在分析要素之间的相似性和逻辑关联，RiskCloud 配置有基于 HAZOP 的 BowTie 分析模块，该模块可以直接从 HAZOP 分析读取数据，快速生成 BowTie 分析，提高分析数据的复用率和风险分析效率。

此外，还有上海作本化工科技有限公司开发的 PHA PLUS 软件，如图 11-10 所示。

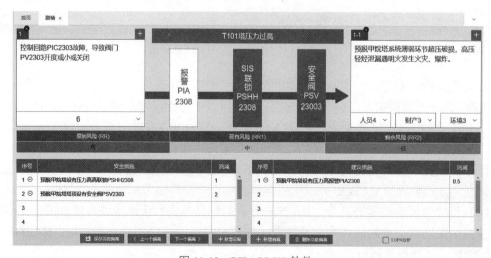

图 11-10　PHA PLUS 软件

【任务实施】

通过任务学习，完成国内计算机辅助 HAZOP 分析软件进展认知（工作任务单 11-2）。
要求：1.按授课教师规定的人数，分成若干个小组（每组 5 ～ 7 人）。
2.完成后，以小组为单位向全体分享。
3.时间在 30min 内，成绩在 90 分以上。

工作任务二　国内计算机辅助 HAZOP 分析软件进展认知		编号：11-2
考查内容：国内计算机辅助 HAZOP 分析软件进展认知		
姓名：	学号：	成绩：

简述 HAZOP 软件（CAH）具有的特点：

【任务反馈】

简要说明本次任务的收获、感悟或疑问等。

1　我的收获

2　我的感悟

3　我的疑问

姓名		学号		班级	
组别		组长及成员			

项目成绩：　　　　　总成绩：

任务	任务一		任务二	
成绩				

自我评价			
维度	自我评价内容		评分
知识	1. 了解计算机辅助 HAZOP 分析的作用（10 分）		
	2. 知晓国外计算机辅助 HAZOP 分析软件的进展（10 分）		
	3. 知晓国内计算机辅助 HAZOP 分析软件的进展（10 分）		
能力	1. 会选择适合装置的 HAZOP 分析方法（10 分）		
	2. 会使用 CAH 软件进行风险分析和管理（20 分）		
素质	1. 通过学习，了解计算机辅助软件的发展过程（20 分）		
	2. 通过学习知晓国内外计算机辅助 HAZOP 分析软件的发展方向，树立科技自信（20 分）		
总分			
我的反思	我的收获		
	我遇到的问题		
	我最感兴趣的部分		
	其他		

【行业形势】

从 HAZOP 分析看我国的"卡脖子"技术

对比中外 HAZOP 分析可以看出，我们国家 HAZOP 水平与发达国家相比仍然存在差距，尤其是在计算机辅助 HAZOP 分析方面，欧美等发达国家已经有了 30 多年的历史，到目前已经研发出多种成熟的相关软件，如基于定性模型推理的 HAZOP 分析"专家系统"软件、基于信息标准的智能化 HAZOP 分析软件等，很多软件得到了广泛的应用。相比之下，我们国家 HAZOP 分析软件的研究与开发始于 2000 年左右，虽然也取得了一定的突破，但是国产化软件的技术水平与国外发达国家的相比还存在一定差距。

HAZOP 分析软件只是冰山一角，虽然我们在技术上与发达国家还有差距，但至少 HAZOP 分析软件可以实现国产替代，而以芯片、光刻机、计算机操作系统等为代表的很多"卡脖子"技术短期内国产替代很难。近几年的中美贸易战，让更多的国人正视了中美科技实力的差距，认识到我们还有很多急需攻克的核心技术，还有很多"卡脖子"的难题等待我们去解决。

我国"卡脖子"技术现状

《科技日报》曾经推出系列文章报道制约我国工业发展的 35 个"卡脖子"领域。梳理 35 个"卡脖子"技术领域，我们发现其中有 13 个领域直接或间接与化学、化工相关（见下表），占比超过 37%。我国化工产业"中低端占比大、高端占比小"的产业结构决定了不能单纯地以工业产值数作为化工人才对行业发展贡献的衡量指标，更重要的是看能否突破行业"卡脖子"技术。

与化学、化工相关的"卡脖子"领域

序号	"卡脖子"领域	化学、化工相关科技支撑
1	光刻机	光敏剂、蚀刻胶、高纯透光材料
2	芯片	提炼高纯二氧化硅并纯化拉晶工艺
3	航空发动机短舱	碳纤维复合材料
4	触觉传感器	导电橡胶和塑料、碳纳米管、石墨烯等
5	ICLIP 技术	预腺苷化、磷酸化处理
6	高端电容电阻	钛酸钡、氧化钛、有机胶、树脂等
7	光刻胶	高分子树脂、色浆、单体、感光引发剂
8	微球	高纯苯乙烯
9	燃料电池	铂基催化剂
10	锂电池	电池隔膜材料（聚乙烯、聚丙烯）、陶瓷材料
11	碳纤维	环氧树脂
12	真空蒸镀机	有机发光材料蒸镀技术
13	手机射频器件	砷化镓和硅锗等半导体材料

行业的变革和大环境的发展，对化工人才提出了全新的机遇和挑战。面向未来，必须坚定科技自信，努力提升自身的技术技能，积极创新，力争突破化工"卡脖子"技术，这是化工人的使命和担当。

第一，我们要客观认识化工的正面形象，树立正确的价值观。随着社会的进步和技术的发展，以及行业逐渐普及 HAZOP 应用，化工行业将逐渐走向绿色化、智能化，也将更加安全和环保，这是树立化工正面形象的重要支撑。**我们应该坚定信念，理解化工，学习化工，投身化工。**

第二，我们要对未来化工发展持有信心。根据我国"十四五"规划和 2035 年远景目标建议，未来我国战略性新兴产业将迎来大发展，新一代信息技术、生物技术、新能源、新材料、高端装备、新能源汽车、绿色环保、航空航天以及海洋装备等产业将要壮大发展。这些产业的背后，均与化工行业息息相关，随着我国战略性新兴产业的发展壮大，以 HAZOP 为代表的新技术、新手段也必将得到更深入地应用普及。**我们应该坚定科技自信，树立产业报国的行业情怀，热爱化工并投身化工，努力成为为化工行业发展贡献力量的人才。**

第三，我们应该主动适应未来变化，主动培养适应未来的职业能力。当前，新一轮科技革命和产业革命，正在迅速改变着传统的生产模式和生活模式，传统技术和技能领域将不断重构，新技术的发展不断派生出新职业，很多传统职业将逐渐被机器替代甚至消失，产业不断跨界和融合。这就要求我们既要具备化工专业背景，还要了解或掌握 HAZOP 分析技术等新兴手段。**我们应该不断增强自身的学习能力（包括学习新技术的能力、学习新技能的能力）、批判性思考能力、沟通能力、合作能力和创意能力等这些"本体属性"能力，以更好地适应行业未来发展。**

扫描二维码
查看更多资讯

中级题库 150 题

1. 危险和可操作性研究是一种（   ）的安全评价方法。

  A. 定量   B. 概率   C. 定性   D. 因素

2. HAZOP 分析中，分析对象通常是（   ）。

  A. 由分析组的组织者确定的   B. 由被评价单位指定的

  C. 由装置或项目的负责人确定的   D. 由分析组共同确定的

3. HAZOP 分析小组需要（   ）专业技术人员共同参与。

  A. 设备、仪表   B. 工艺、设备

  C. 安全、仪表   D. 工艺、安全、设备、仪表、操作

4. 在 PID 图纸中，阀门的状态是 NO，代表的意思是（   ）。

  A. 常开   B. 常关   C. 气源故障开   D. 气源故障关

5. 按照预防原理，安全生产管理应该做到预防为主，通过有效的管理和技术手段来减少和防止人的不安全行为和物的不安全状态，下列论述中不符合预防原理的是（   ）。

  A. 事故后果及后果的严重程度，都是随机的，难以预料的

  B. 只要诱发事故的因素存在，发生事故是必然的

  C. 从根本上消除事故发生的可能性，是本质安全的出发点

  D. 当生产与安全发生矛盾时，要以安全为主

6. 在 HAZOP 分析过程中，可将风险分为（   ）。

  A. 初始风险   B. 原始风险   C. 降低后的风险   D. 剩余风险

7. 风险矩阵的优点不包括（   ）。

  A. 适用性广泛   B. 陈述简单直观   C. 培训简单   D. 结果精度高

8. 对于危险程度高的系统，划分节点应遵循的原则是（   ）。

  A. 在尽可能包含完整事故剧情的情况下，节点划分尽可能地小一些

  B. 节点划分要尽可能地大，因为节点划分大才能包含完整的事故剧情

  C. 节点划分可大可小，因为节点划分的大小不影响分析的结果

  D. 节点划分尽可能地小，不考虑事故剧情的完整性

9. 员工轻度受伤属于哪种事故后果？（   ）

  A. 职业健康   B. 财产损失   C. 产品损失   D. 环境影响

10. 根据 AQ/T 3054—2015 规定，下列选项中，属于设备故障类原因的是（   ）。

  A. 维护失误   B. 邻近区域火灾或爆炸

  C. 公用工程故障   D. 控制系统故障

11. 下列选项中都是 HAZOP 分析过程中常见的安全措施是（   ）。

  A. 安全阀、报警系统、灭火器   B. 安全阀、报警系统、阻火器、爆破片

  C. 安全阀、报警系统、安全帽   D. 报警系统、爆破片、劳保服

12. 为从 HAZOP 分析中得到最大收益，应做好分析结果记录，形成文档并做好后续管理跟踪，（　　）负责会议记录工作。

　　A. HAZOP 分析记录员　　　　　　　　　B. 安全员

　　C. HAZOP 分析主席　　　　　　　　　　D. 工艺工程师

13. 当离心泵发生故障后，初步判定属于机械故障，针对这一初始事件可以设置的安全措施有（　　）。

　　A. 分析泵的选型是否合适　　　　　　　　B. 分析泵关断系统的联锁是否必要

　　C. 分析装置的供电是否有冗余回路　　　　D. 分析泵的检修方法

14. 下列场所需要配置或张贴安全数据清单（MSDS）的有（　　）。

　　A. 危险物品使用的场所　　　　　　　　　B. 危险物品储存的场所

　　C. 危险物品处理的场所　　　　　　　　　D. 危险物品购买的部门

15. 在石化企业典型安全措施中，固定灭火系统、消防队、人工喷水系统属于（　　）安全措施。

　　A. 工厂和社区应急响应　　　　　　　　　B. 释放后保护措施

　　C. 关键报警和人员响应　　　　　　　　　D. 基本过程控制系统

16. 某次事故造成了 5 人死亡，15 人重伤，经济损失 100 万元，则该事故属于（　　）。

　　A. 一般事故　　　　　　　　　　　　　　B. 较大事故

　　C. 重大事故　　　　　　　　　　　　　　D. 特别重大事故

17. HAZOP 分析的基础是（　　），它是对系统与设计目的偏差的缜密查找过程。

　　A. 技术　　　　　　B. 工艺　　　　　　C. 引导词检查　　　　　D. 经验

18. 优秀的 HAZOP 分析主席具有以下哪些优点？（　　）

　　A. 有综合专业特长和实际工作经历　　　　B. 善于启发集体智慧

　　C. 善于把握分析深度和进度　　　　　　　D. 善于启发和把握评价的客观性和真实性

19. 偏离选择的原则有（　　）。

　　A. 节点内可能产生的偏离　　　　　　　　B. 可能有安全后果的偏离

　　C. 至少原因或后果有一个在节点内的偏离　D. 优先靠近后果的偏离

20. 下列属于保护措施的是（　　）。

　　A. 工艺设计　　　　　　　　　　　　　　B. 基本控制系统

　　C. 安全仪表系统　　　　　　　　　　　　D. 物理保护

21. 风险矩阵作为一种有效的风险评估和管理方法，其优点有（　　）。

　　A. 广泛的适用性　　　　　　　　　　　　B. 简单直观的陈述

　　C. 可运用实际的经验　　　　　　　　　　D. 经过简单的培训就可以使用

22. 在 HAZOP 分析应用中，风险和成本关系正确的是（　　）。

　　A. 晚投入，高风险花大钱　　　　　　　　B. 早投入，高风险花大钱

　　C. 晚投入，低风险花小钱　　　　　　　　D. 早投入，低风险花小钱

23. 初始事件的基础频率一般来自（　　）。

　　A. 文献和数据库　　　　　　　　　　　　B. 行业或公司经验

　　C. 设备供货商提供　　　　　　　　　　　D. 熟练工的经验

24. 事故剧情的构成要素，包括（　　）。

　　A. 初始事件　　　　B. 中间事件　　　　　C. 影响　　　　　　D. 减缓性保护措施

25. 某设备发生电力故障，针对该初始事件应该如何设置安全措施？（   ）

    A. 分析该设备是否有启停状态信号反馈至中控室

    B. 分析关断系统的联锁是否必要

    C. 分析该设备是否需要设置备用动力来源

    D. 分析该设备的选型是否合适

26. 危险和可操作性研究的侧重点是（   ）。

    A. 前期准备　　　　B. 开展分析　　　　C. 编制报告　　　　D. 建议措施处理

27. 在 AQ/T 3049—2013 中，初始原因分为几大类？（   ）

    A. 设备故障　　　B. 公用工程失效　　　C. 人员失误　　　D. 外部事件

28. 在 HAZOP 分析中，事故后果包含哪几方面？（   ）

    A. 人员损害　　　B. 社会影响　　　C. 财产损失　　　D. 生产周期

29. 化学品安全技术说明书（MSDS），是关于化学品燃、爆、毒性和生态危害以及安全使用、泄露应急处置、主要理化参数、法律法规等方面信息的综合性文件。

30. 在役装置的 HAZOP 分析原则上每 3～5 年进行一次，装置发生与工艺有关的较大事故后和装置进行工艺变更之前都应及时开展 HAZOP 分析。

31. 两重点一重大是指：重点监管的危险化学品，重点监管的危险化工工艺，危险化学品重大隐患。

32. 在工艺操作的初期阶段使用 HAZOP 分析时，只要有适当的工艺和操作规程方面的资料，评价人员就可以依据它进行分析，但 HAZOP 的分析并不能完全替代设计审查。

33. HAZOP 分析方法是基于这样一个基本概念，即各个专业、具有不同知识背景的人员所组成的分析组一起工作，比他们独自一人单独工作更具有创造性与系统性，能识别更多的问题。

34. HAZOP 分析是一种定量的风险评价方法。

35. HAZOP 分析是工艺安全分析（PHA）的工具之一，即是一种工艺危险分析方法，全称是危险与可操作性分析。

36. 所谓事故剧情就是导致损失或相关影响的非计划事件或事件序列发展历程，包括涉及事件序列的保护措施能否成功按照预定设计意图发挥干预作用。

37. HAZAOP 分析的评价组中，大多数评价人员应具有 HAZOP 研究经验，而 HAZOP 分析组最少应由 4 人组成，包括组织者、记录员、两名熟悉过程设计和操作人员。

38. 在节点划分时，同一个设备最好划在同一个节点内。

39. 引导词是对意图进行限定或量化描述的简单词语，引导出工艺参数的各种偏差。

40. HAZOP 分析中"原因"是指引起偏差的原因，"后果"指偏离所产生的后果。

41. 当控制回路失效时，但该仪表中报警还可以作为独立保护层，失效概率都为 0.1。

42. 在经过 HAZOP 分析之后，确定了该偏离导致的风险为可接受风险，因此风险被消除。

43. 风险矩阵将每个损失时事件发生的可能性（L）和后果严重程度（S）两个因素结合起来，根据风险 R 在二维平面矩阵中的位置，将其划分为多个等级。

44. HAZOP 研究中的工艺过程不同，所需资料不同，但进行 HAZOP 分析必要要有工艺过程流程图及工艺过程的详细资料。

45. 在分析危险剧情的现有安全措施后，HAZOP 分析团队认为该事故的剩余风险已经能够接受，此时依然需要提出建议安全措施以作备用。

46. 风险矩阵中后果严重度分类时，一般不考量（　　　）。

  A. 环境影响   B. 人员伤亡   C. 财产损失   D. 产品质量影响

47. 下列哪份文件要求所有企业开展 HAZOP 分析（　　　）。

  A. 安监总管三〔2011〕93 号   B. 安监总管三〔2012〕87 号

  C. 安监总管三〔2010〕186 号   D. 安监总管三〔2013〕76 号

48. 以下属于安全仪表系统的独立保护层的是（　　　）。

  A. 罐的本体耐压性等级高   B. 液位高高联锁

  C. 安全阀   D. 爆破片

49. 按照《生产安全事故报告和调查处理条例》（中华人民共和国国务院令第 493 号）规定，符合特别重大事故的划分条件之一是（　　　）。

  A. 造成 30 人以上死亡   B. 10 人以上 30 人以下死亡

  C. 经济损失 1000 万元以下   D. 经济损失 5000 万到 1 亿元

50. MSDS 是指（　　　）。

  A. 隐患统计分析表   B. 风险分析矩阵

  C. "允许和不允许施工"清单   D. 化学品安全技术说明书

51. 《关于加强化工安全仪表系统管理的指导意见》（安监总管三〔2014〕116 号）要求，涉及"两重点一重大"在役生产装置的化工企业和危险化学品储存单位，要全面开展过程危险分析，并评估现有（　　　）是否满足风险降低要求。

  A. 管理措施   B. 生产条件   C. 安全仪表功能   D. 技术力量

52. 《关于加强化工过程安全管理的指导意见》（安监总管三〔2013〕88 号）中的"两重点一重大"指的是（　　　）。

  A. 重点装置、重点岗位、重大隐患

  B. 重点人员、重点设备、重大事故

  C. 重点监管危险化学品、重点监管危险化工工艺和危险化学品重大危险源

  D. 重点装置、重点仓库、重大危险源罐区

53. 下列属于工艺设备的危险、有害因素的是（　　　）。

  A. 紧急集合点位于工艺区下风向   B. 反应釜未设置压力报警装置

  C. 设备耐火等级与建筑不符   D. 控制室与工艺区靠太近

54. 涉及"两重点一重大"和首次工业化设计的建设项目，必须在（　　　）开展 HAZOP 分析。

  A. 可行性研究阶段   B. 基础设计阶段

  C. 实验室阶段   D. 竣工验收阶段

55. HAZOP 分析方法最早是由（　　　）开创使用的。

  A. 德国拜耳集团   B. 中国石油化工集团

  C. 英国帝国化学工业集团   D. 美国陶氏化学公司

56. （　　　）可用于在役装置，作为确定工艺操作危险性的依据。

  A. 危险指数评价   B. 危险和可操作性研究

  C. 预先危险分析   D. 故障假设分析

57. 下列关于 HAZOP 分析说法中，错误的是（　　　）。

  A. 危险和可操作性研究研究的侧重点是工艺部分或操作步骤各种具体值

B. 当对新建项目工艺设计要求很严格时，使用 HAZOP 分析方法最为有效

C. HAZOP 分析可以替代设计审查

D. 进行 HAZOP 分析必须要有工艺过程流程图及工艺过程详细资料

58. 下列哪个环节的工艺安全分析可以运用 HAZOP 分析方法？（ ）

A. 项目建议书　　　　B. 可行性研究　　　　C. 详细设计　　　　D. 以上都是

59. 以下说法错误的是（ ）。

A. 节点的划分没有统一的标准

B. 爆破片、安全阀是常见的保护措施

C. HAZOP 分析仅适用于设计阶段

D. HAZOP 分析是工艺危害分析的重要方法之一

60. 工程变更后不需要再次进行 HAZOP 分析。

61. 生产运行阶段 HAZOP 分析的成功因素有（ ）。

A. 随意安排 HAZOP 会议时间　　　　　　B. 不重视现场评价

C. 充分发挥技术人员的作用　　　　　　D. 经验丰富的 HAZOP 分析团队主席

62. 下列关于在役装置 HAZOP 分析的作用，错误的是（ ）。

A. 系统识别在役装置风险

B. 为操作规程的修改完善提供依据

C. 不能为隐患治理提供依据，完善工艺安全信息

D. 为操作人员的培训提供教材

63. 下列关于 HAZOP 分析，说法错误的是（ ）。

A. HAZOP 分析工作流程原则上包括前期准备、开展分析、编制报告、沟通交流、评审和改进措施

B. HAZOP 分析是一种用于辨识设计缺陷、工艺过程危害及操作性问题的结构化分析方法

C. 在役装置的 HAZOP 分析原则上每 3 年进行一次

D. HAZOP 分析工作应以企业自主开展为主，技术机构支持为辅，鼓励全员参与

64. 危险与可操作性研究是通过引导词（关键词）和标准格式寻找工艺偏差，以辨识系统存在的（ ），并确定控制该风险的对策。

A. 危险发生可能性　　　　　　　　　　B. 危险源

C. 事故隐患　　　　　　　　　　　　　D. 不安全行为

65. 进行风险评估时最常用的风险等级评估工具是（ ）。

A. 安全检查表　　　　B. 风险矩阵　　　　C. 仪表联锁台账　　　　D. 人员培训记录表

66. 基于知识的 HAZOP 分析方法的优点是将过去的经验转化为实践，而且在装置的设计和建设过程的（ ）阶段都可使用。

A. 开始　　　　　　　B. 最后　　　　　　　C. 中间　　　　　　　D. 各个

67. 工艺安全管理系统可分为（ ）三个方面。

A. 技术方面、设备方面、人员方面　　　　B. 技术方面、设备方面、环境方面

C. 设备方面、人员方面、环境方面　　　　D. 技术方面、环境方面、人员方面

68. 事故剧情是由事故初始原因起始，在（ ）的推动下引发一系列中间事件最终导致不利后果的事件序列。

A. 引导词　　　　　　B. 偏离　　　　　　　　C. 原因　　　　　　　D. 安全措施

69. 开展事故调查一般包括 5 个步骤，在这 5 个步骤中，分析原因发生的过程和之后发生的事件属于（　　）。

A. 搜集资料　　　　B. 评估　　　　　　　C. 措施　　　　　　　D. 报告

70. 无论采用何种风险评价方法，其风险程度的评估都要考虑（　　）。

A. 可能的事故后果严重度　　　　　　　　B. 事故发生的可能性

C. 是否构成重大风险　　　　　　　　　　D. 是否构成重大危险源

71. 安全评价方法中，危险和可操作性研究方法可按（　　）等步骤完成。

A. 分析的准备、完成分析和编制现状结果报告

B. 分析的准备、危险分析和编制分析结果报告

C. 分析的准备、危险分析和编制危险分析结果报告

D. 分析的准备、完成分析和编制分析结果报告

72. 危险与可操作性研究的分析步骤包括（　　）、定义关键词表、分析偏差、分析偏差原因及后果、填写汇总表等。

A. 收集资料　　　　　　　　　　　　　　B. 划分单元

C. 汇总信息　　　　　　　　　　　　　　D. 成立评价小组

73. 以下属于安全仪表系统的独立保护层的是（　　）。

A. 罐的本体耐压性等级高　　　　　　　　B. 液位高高联锁

C. 安全阀　　　　　　　　　　　　　　　D. 爆破片

74. 对于在役装置的 HAZOP 分析，分析目标不包括（　　）。

A. 识别在执行操作规程过程中潜在的人员暴露

B. 识别潜在的设备超压

C. 在拥有了新的操作经验后，更新以前开展过的工艺危险分析

D. 识别危险化学品泄漏的可能途径

75. 使用基于知识的 HAZOP 分析方法对当前设计与根据以往装置经验建立并形成文件的基本设计实践进行比较时，评价人员应对（　　）非常熟悉。

A. 工艺过程　　　　　　　　　　　　　　B. 标准

C. 操作过程　　　　　　　　　　　　　　D. 物料与设备

76. 下列关于 HAZOP 分析方法适用范围的说法中，正确的是（　　）。

A. 主要应用于连续的化工生产工艺

B. 不能用于间歇系统的安全分析

C. 可以在费用变动很大的情况下，对设计进行变动，在工艺操作的初期阶段使用 HAZOP 分析方法

D. 对于新建项目，当工艺设计要求很严格时，使用 HAZOP 分析方法最为有效，但对于在役项目，就不可以用 HAZOP 分析方法进行分析

77. HAZOP 分析可以不用组织分析小组，直接由 1～2 人完成。

78. 以下不属于 HAZOP 分析小组职责的是（　　）。

A. 划分节点　　　　B. 后果评价　　　　　C. 提出建议　　　　　D. 重新进行设计

79. 下面属于工艺工程师在 HAZOP 中的责任的是（　　）。

A. 协助项目经理计划和组织 HAZOP 分析会议

B. 负责提供安全方面的信息，并参与讨论

C. 负责介绍工艺流程，解释设计意图

D. 负责跟踪分析提出的所有相关意见和建议的落实与关闭

80. 在划分节点时，我们可以将同一个管线划成不同的节点。

81. 节点划分不宜过大，越小越好，这样分析风险时更加精确，省时省力。

82. 节点又称子系统，指具体确定边界的设备（如容器、两容器之间的管线等）单元。

83. HAZOP 分析需要将工艺图或操作程序划分为分析节点或操作步骤，然后用（　　）找出过程的危险

    A. 偏差　　　　　　　B. 引导词　　　　　　　C. 工艺参数　　　　　　D. 经验

84. 危险和可操作性研究中，每个引导词都是和相关工艺参数结合在一起的，以下关于引导词和工艺参数结合成"偏差"的表述，错误的是（　　）。

    A. LESS（过少）+REACTION（反应）= 意外反应

    B. NO（空白）+PRESSURE（压力）= 真空

    C. ASWELLAS（伴随）+FLOW（流量）= 流向错误

    D. LESS（过小）+FLOW（流量）= 流量过小

85. HAZOP 分析技术基于（　　）来分析偏离正常操作时所造成的各种影响。

    A. 引导词　　　　　　B. 参数　　　　　　　　C. 偏离　　　　　　　　D. 后果

86. 全部为具体参数的是（　　）。

    A. 温度、压力、流量、反应　　　　　　　　B. 流量、温度、压力、液位

    C. 压力、液位、气化、温度　　　　　　　　D. 流量、温度、维护、压力

87. 参数是有关过程的，用来描述它的物理、化学状态或按照什么规律正在发生的事件。参数分为具体参数和概念性参数两类，以下都属于具体参数的是（　　）。

    A. 压力、温度、液位　　　　　　　　　　　B. 压力、气化、流量

    C. 流量、液位、反应　　　　　　　　　　　D. 混合、气化、压力

88. 下面 HAZOP 分析工艺参数中，属于概念性参数的是（　　）。

    A. 温度　　　　　　　B. 时间　　　　　　　　C. 压力　　　　　　　　D. 混合

89. HAZOP 分析中，引导词"晚（LATE）"的含义是（　　）。

    A. 相对顺序或序列延后　　　　　　　　　　B. 时间太长，太迟

    C. 操作动作延后　　　　　　　　　　　　　D. 某事件在序列中发生较给定时间晚

90. 用于人失误分析的引导词"异常"的含义是（　　）。

    A. 完全替代　　　　　B. 判断失误　　　　　　C. 执行失误　　　　　　D. 疏漏失误

91. 下面属于实战派节点划分的做法是（　　）。

    A. 以工艺介质流向为核心，每一工艺介质为一个节点

    B. 以设备（比如储罐、塔、反应器、压缩机等）为中心，且设备组合，将管线按照一定的规则划入，设备的附件可划入同一节点，以达到一个完整的工艺目的

    C. 没有原则，根据主持人对流程的理解，随意画，小到一个管线，大到一张图纸

    D. 所有的入料管线及出料管线都划分到当前节点

92. 基于引导词的 HAZOP 分析方法最初是法国帝国化学公司建立的。

93. HAZOP 的偏差分析是基于"引导词"的引导。

94. HAZOP 分析中，可以用于人失误分析级别的引导词包括（　　）。

A. 部分   B. 多   C. 少   D. 伴随

95. 某工艺装置的控制系统出现失调，事后通过调查发现，企业在进行相关岗位培训时，没有建立严格的换岗工作规程，导致操作人员在换岗时发生混乱。该原因属于事故后果的（　　）。

A. 直接原因   B. 根原因   C. 初始原因   D. 起作用的原因

96. 偏离选择的原则是（　　）。

A. 节点内可能产生的偏离、可能有安全后果的偏离、至少原因或后果有一个在节点内的偏离、优先靠近后果的偏离

B. 节点外可能产生的偏离

C. 尽量选择无安全后果的偏离

D. 原因和后果都可以不在节点内

97. HAZOP 分析中偏离所造成的后果是指不考虑任何保护措施的后果。

98. 设备损坏属于哪种事故后果？（　　）

A. 职业健康   B. 财产损失   C. 产品损失   D. 环境影响

99. 有毒气体排放影响属于哪种事故后果？（　　）

A. 职业健康   B. 财产损失   C. 产品损失   D. 环境影响

100. 在进行 HAZOP 分析时，有一些情况下偏离可以作为后果，下列说法错误的是（　　）。

A. 后果在节点外，且离当前正在分析的偏离过远时

B. 偏离还需进一步分析时

C. 偏离的后果很严重时

D. 出界区物料的偏离，可以作为后果

101. HAZOP 分析过程中的"后果识别"是指，在假设任何已有的安全保护，以及相关的管理措施都失效的前提下，此时所导致的最终不利后果。

102. 安全评所有工艺资料中，（　　）是 HAZOP 分析的主要技术依据。

A. 联锁逻辑说明   B. 工艺设计说明书

C. 物料和能量平衡表   D. 管道仪表流程图

103. 常见原因一般包括很多种类，设备采用了不恰当焊接方式属于（　　）。

A. 设备 / 材料问题   B. 设计问题

C. 人员失误   D. 外部原因

104. HAZOP 分析中寻找原因的标准是（　　）。

A. 分析至间接原因   B. 分析至根原因

C. 分析至初始原因   D. 分析至失事点前的一个原因

105. （　　）是指对事故的发生起作用，但其本身不会导致事故发生。

A. 直接原因   B. 根原因   C. 初始原因   D. 起作用的原因

106. （　　）是指如果得到矫正，能防止由它导致的事故或类似的事故再次发生。

A. 直接原因   B. 根原因   C. 初始原因   D. 起作用的原因

107. （　　）是一个事故序列中第一个事件。

A. 直接原因   B. 根原因   C. 初始原因   D. 起作用的原因

108. 某缓冲罐由于出厂制造时，焊接方式不当，造成设备后续使用中发生物料泄漏，该原因属于事故后果的（　　）。

A. 直接原因　　　　B. 根原因　　　　　C. 初始原因　　　　D. 起作用的原因

109. 某缓冲罐发生物料泄漏，事后通过调查报告发现，操作人员在检查和应对方面存在训练不足的问题，该原因属于事故后果的（　　　）。

　　A. 直接原因　　　　B. 根原因　　　　　C. 初始原因　　　　D. 起作用的原因

110. 以下哪项不属于初始事件？（　　　）

　　A. 冷却水中断　　　　　　　　　　　B. 雷击

　　C. 基本工艺控制系统仪表回路失效　　D. 储罐超压

111. 下列哪个不是初始事件的基础频率的一般来源？（　　　）

　　A. 文献和数据库　　　　　　　　　　B. 行业和公司经验

　　C. 基础设计资料　　　　　　　　　　D. 设备供货商提供的数据

112. 在选定引导词＋参数时，"步骤＋伴随"代表（　　　）。

　　A. 遗漏操作步骤　　B. 步骤顺序错误　　C. 遗漏操作动作　　D. 额外步骤

113. 如果要求通过 HAZOP 分析确定装置建在什么地方才能使其对公众安全的影响减到最小，这种情况下，HAZOP 分析应着重分析偏差所造成的后果对装置界区（　　　）的影响。

　　A. 外部　　　　　　B. 内部及周边地带　　C. 中部　　　　　　D. 内部

114. HAZOP 分析对各项工作细节要求很高，不论是 HAZOP 分析范围的界定，还是 HAZOP 分析的准备，不论是偏离确定，还是后果识别以及文档跟踪等，都需要一丝不苟、认真地完成。其中体现的是精益求精的（　　　）。

　　A. 工匠精神　　　　B. 长征精神　　　　C. 奉献精神　　　　D. 劳模精神

115. 当前我国仍处于工业化、城镇化过程中，化工行业仍处在快速发展期，安全与发展不平衡、不充分的矛盾问题仍然突出，（　　　）亟待全面加强。

　　A. 危化品安全生产工作和 HAZOP 分析　　B. 化学品安全知识普及和 HAZOP 认知

　　C. 化学品安全入门培训和 HAZOP 人才培养　D. 化学品安全科普教育和媒体宣传

116. 在 HAZOP 分析中，选取独立的保护措施时，多个报警都可作为独立的保护措施。

117. 在选择失效频率时，国内装置可以直接参照国外装置失效频率数据库进行频率设定。

118. 初始事件频率是用来描述事故剧情初始事件发生的可能性，在确定初始事件频率之前，事故剧情发展步骤的所有原因都应该进行评估和验证，比如：安全阀、超速联锁等保护措施。

119. 在选择初始原因的失效频率时，我们选择频率区间中数值最大的作为当前初始原因的失效频率值。

120. 风险是指负面事件出现的（　　　）的综合考量。

　　A. 后果原因与保护措施

　　B. 后果严重性与出现后果的可能性

　　C. 后果严重性与保护措施的失效频率

　　D. 后果造成的财产损失与后果造成的环境影响

121. 对一个大型化工集团公司而言，公司总部和下属分公司没必要分别制定各层面的风险矩阵。

122. 以下属于危险化学品信息的是（　　　）。

　　A. 毒性信息　　　　B. 火灾和爆炸资料　　C. 化学反应资料　　D. 腐蚀性资料

123. HAZOP 分析方法不适用于（　　　）。

A. 人员作业　　　　　B. 流体工艺　　　　　C. 设备设施　　　　　D. 以上都不是

124. 为从 HAZOP 分析中得到最大收益，应做好分析结果记录、形成文档并做好后续管理跟踪。（　　）负责确保每次会议均有适当的记录并形成文件。

A. HAZOP 分析记录员　　　　　　　　　B. 安全管理人员

C. HAZOP 分析主席　　　　　　　　　　D. 调度员

125. 编写 HAZOP 分析表时，采用偏差到偏差方法应用较多，主要原因是（　　）。

A. 分析所需时间少　　　　　　　　　　B. 表格长度短

C. 分析质量好　　　　　　　　　　　　D. 数据较其他 HAZOP 方法准确

126. 为促进行业安全健康发展，化工 HAZOP 分析在其中发挥了重要作用。下列哪些举措对培养化工 HAZOP 人才具有推动作用？（　　）

A. 实施 1+X 证书制度，推广化工 HAZOP 职业技能等级证书

B. 培育一批化工 HAZOP 师资队伍

C. 鼓励院校学生和企业职工考取化工 HAZOP 职业技能等级证书

D. 面向职工开展化工 HAZOP 专项技能培训

127. 正确运用 HAZOP 分析方法，不可以达到的效果是？（　　）

A. 预估危险可能导致的不利后果　　　　B. 评估潜在事故的风险水平

C. 帮助团队加深对工艺系统的认知　　　D. 优化装置的经济技术指标

128. 建设项目及在役装置均可以使用 HAZOP 分析方法。

129. 对于新建项目，当工艺设计要求很严格时，使用 HAZOP 方法最为有效。

130. 工艺危险分析的目的是确保工艺系统在允许接受的风险水平下运行，为此只需要识别工艺系统存在的各种危险以及这些危险引发的事故情景。

131. HAZOP 研究中的"偏差"是指使用关键词系统地对每个节点的工艺参数进行研究发生一系列偏离工艺指标的情况，偏差的通常形式为（　　）。

A. 引导词+工艺参数　　　　　　　　　B. 原因+结果

C. 原因+工艺参数　　　　　　　　　　D. 后果+工艺参数

132. 下列安全预评价方法中，定性评价方法有（　　）。

A. 危险度评价法　　　　　　　　　　　B. 预先危险分析

C. 危险和可操作性分析　　　　　　　　D. 爆炸指数评价法

133. 危险和可操作研究可以按（　　）个步骤来完成。

A. 4　　　　　　　　B. 2　　　　　　　　C. 3　　　　　　　　D. 5

134. HAZOP 分析使用引导词能识别出每个分析节点或操作步骤的所有偏差，简单地将所有的引导词与工艺参数组合会产生很多的偏差。假设引导词有 7 个，工艺参数有 5 个，考虑 10 个主要设备，则偏差总数为（　　）个。

A. 35　　　　　　　　B. 70　　　　　　　　C. 50　　　　　　　　D. 350

135. 对于开车阶段的 HAZOP 分析，分析目标包括（　　）。

A. 识别在开车过程中可能犯的错误

B. 确保以前所有的工艺危险分析中发现的问题都已妥善解决

C. 识别周边的设备给设备维护带来的危险

D. 识别设备清洗过程中的危险

136. 以下哪些是 HAZOP 分析团队必须包含的成员？（　　）

A. 工艺工程师   B. 仪表工程师   C. 安全工程师   D. 设计人员

137. HAZOP 分析报告中，附件一般包括（   ）

     A. 带有节点划分的 P&ID 图   B. 风险矩阵表

     C. 建议措施总表   D. 操作规程

138. 离心泵启动前需要灌泵，原因是离心泵（   ）

     A. 有汽蚀现象   B. 有泵壳   C. 无自吸能力   D. 扬程不高

139. 在石化企业典型安全措施中，BPCS 是指（   ）。

     A. 本质安全设计   B. 基本过程控制系统

     C. 安全仪表功能   D. 物理保护

140. 作业步骤"开车"、操作行为"打开浸取罐甲醇进料口阀门"、偏差"没有打开浸取罐甲醇进料口阀门"、风险"导致甲醇泵启动后憋压损坏，密封垫破裂，出现甲醇泄漏，遇见明火或静电火花易出现火灾爆炸，造成人员伤亡"，导致偏差出现的因素是（   ）。

     A. 管道未连接静电导出装置或导出装置失效

     B. 开泵时，油气混合物瞬间冲击过大，导致密封圈泄漏

     C. 操作人员之间沟通不到位

     D. 阀门开度过大

141. 在事故剧情中处于初始事件至失事点之间的措施称为防止类安全措施，对危险传播有不同程度的阻止作用。

142. 安全措施应该独立于偏离产生的原因。

143. 某个流量控制回路发生故障造成流量过高，从该控制回路中获得信号的仪表可以视为现有安全措施之一。

144. 某企业按照国家、省、市、区安委办印发的文件要求积极开展企业双重预防机制建设，工作领导小组根据企业的实际，决定选用风险矩阵法作为其中一种风险评估方法开展安全风险等级评估工作。在运用风险矩阵法进行风险等级评估过程中，需考虑的因素有（   ）。

     A. 事故发生的可能性   B. 控制措施的状态

     C. 危险性   D. 事故后果严重程度

145. 有关提高 HAZOP 分析报告质量经验的说法中，正确的是（   ）。

     A. 反向流通常是可信的剧情，即使在管路中设置了止逆阀

     B. 将外部火灾作为温度超高的原因

     C. 安全措施不仅仅只列写在直接应用它的偏离和节点处

     D. 如果风险等级不可接受，必须提出建议措施

146. 头脑风暴是 HAZOP 分析的关键基础，对"头脑风暴"理解正确的是（   ）。

     A. 是相关的多种专业、不同的知识背景的人在一起讨论分析

     B. 利用头脑风暴分析问题更具有创造性

     C. 利用头脑风暴可以分析出工艺系统中所有的潜在危险

     D. 利用头脑风暴分析问题能识别更多的问题

147. 以下属于 LOPA 的优点的是（   ）。

     A. 可容易地确定过程风险是否能被接受，如果过程需要安全仪表功能，LOPA 可以确定所需的安全仪表完整性水平

B. 分析结果可以帮助组织决定操作、维护以及相关培训的重点放在哪些防护措施上

C. 可用于识别那些保证过程风险在企业风险容忍标准内的关键设备

D. 可用于识别操作人员的关键安全行为和关键安全响应

148. HAZOP 分析小组成员可来自（   ）。

    A. 技术机构   B. 项目委托方   C. 设计单位   D. 承包方

149. HAZOP 分析工作流程原则上包括（   ）。

    A. 前期准备   B. 开展分析   C. 编制报告   D. 建议措施处理

150. HAZOP 分析表的记录方法一般包括（   ）。

    A. 原因到原因记录法   B. 只有安全措施记录法

    C. 后果到后果记录法   D. 偏离到偏离记录法

题库答案

1. 答案：C
2. 答案：C
3. 答案：D
4. 答案：A
5. 答案：C
6. 答案：ACD
7. 答案：D
8. 答案：A
9. 答案：A
10. 答案：A
11. 答案：B
12. 答案：A
13. 答案：AD
14. 答案：ABCD
15. 答案：A
16. 答案：B
17. 答案：C
18. 答案：ABCD
19. 答案：ABCD
20. 答案：ABCD
21. 答案：ABCD
22. 答案：AD
23. 答案：ABC
24. 答案：ABCD
25. 答案：C
26. 答案：ABCD
27. 答案：ABCD
28. 答案：ABC
29. 答案：正确
30. 答案：正确

31. 答案：错误
32. 答案：正确
33. 答案：正确
34. 答案：错误
35. 答案：正确
36. 答案：正确
37. 答案：正确
38. 答案：正确
39. 答案：正确
40. 答案：正确
41. 答案：错误
42. 答案：错误
43. 答案：正确
44. 答案：正确
45. 答案：错误
46. 答案：D
47. 答案：C
48. 答案：B
49. 答案：A
50. 答案：D
51. 答案：C
52. 答案：C
53. 答案：B
54. 答案：B
55. 答案：C
56. 答案：B
57. 答案：C
58. 答案：C
59. 答案：C
60. 答案：错误

61. 答案：CD
62. 答案：C
63. 答案：C
64. 答案：B
65. 答案：B
66. 答案：D
67. 答案：A
68. 答案：B
69. 答案：A
70. 答案：AB
71. 答案：D
72. 答案：B
73. 答案：B
74. 答案：D
75. 答案：B
76. 答案：A
77. 答案：错误
78. 答案：D
79. 答案：C
80. 答案：错误
81. 答案：错误
82. 答案：正确
83. 答案：B
84. 答案：A
85. 答案：A
86. 答案：B
87. 答案：A
88. 答案：D
89. 答案：D
90. 答案：B
91. 答案：B
92. 答案：错误
93. 答案：正确
94. 答案：A
95. 答案：B

96. 答案：A
97. 答案：正确
98. 答案：B
99. 答案：D
100. 答案：A
101. 答案：正确
102. 答案：D
103. 答案：A
104. 答案：C
105. 答案：D
106. 答案：B
107. 答案：C
108. 答案：A
109. 答案：D
110. 答案：D
111. 答案：C
112. 答案：D
113. 答案：A
114. 答案：A
115. 答案：ABCD
116. 答案：错误
117. 答案：错误
118. 答案：错误
119. 答案：正确
120. 答案：B
121. 答案：正确
122. 答案：ABCD
123. 答案：D
124. 答案：C
125. 答案：A
126. 答案：ABCD
127. 答案：D
128. 答案：正确
129. 答案：错误
130. 答案：错误

131. 答案：A

132. 答案：BC

133. 答案：C

134. 答案：D

135. 答案：ABCD

136. 答案：ABD

137. 答案：AC

138. 答案：A

139. 答案：B

140. 答案：C

141. 答案：正确

142. 答案：正确

143. 答案：错误

144. 答案：AD

145. 答案：ACD

146. 答案：ABCD

147. 答案：ABCD

148. 答案：ABCD

149. 答案：ABCD

150. 答案：AD

附录

附录一　HAZOP 分析导则风险矩阵

后果等级	5	低	中	中	高	高	很高	很高
	4	低	低	中	中	高	高	很高
	3	低	低	低	中	中	中	高
	2	低	低	低	低	中	中	中
	1	低	低	低	低	低	中	中
		1	2	3	4	5	6	7
		$10^{-6}\sim10^{-7}$	$10^{-5}\sim10^{-6}$	$10^{-4}\sim10^{-5}$	$10^{-3}\sim10^{-4}$	$10^{-2}\sim10^{-3}$	$10^{-1}\sim10^{-2}$	$1\sim10^{-1}$
					频率等级（L）			

风险等级说明：

低：不需采取行动；中：可选择性地采取行动；高：选择合适的时机采取行动；很高：立即采取行动

等级	严重程度	分类		
		人员	财产	环境
1	低后果	医疗处理，不需住院；短时间身体不适	损失极小：小于10万元	事件影响未超过界区
2	较低后果	工作受限；轻伤	损失较小：10万～100万元	事件不会受到管理部门的通报或违反允许条件
3	中后果	严重伤害；职业相关疾病	损失较大：100万～1000万元	释放事件受到管理部门的通报或违反允许条件
4	高后果	1～2人死亡或丧失劳动能力；3～9人重伤	损失很大：1000万～5000万元	重大泄漏，给工作场所外带来严重影响
5	很高后果	3人以上死亡；10人以上重伤	损失极大：大于5000万元	重大泄漏，给工作场所外带来严重的环境影响，且会导致直接或潜在的健康危害

附录二 概念性参数及解释

序号	偏离		说明	分析时可提出的问题
1	外漏	过多	后果比较严重的外漏：如物料本身危险性高，超过自燃点、液态烃、剧毒等；大面积泄漏的地方	在化工厂当中，难免会有泄漏，比如密封点 PPM 级泄漏，这个参数我们关注的是可能会造成严重后果的泄漏。在本节点中，是否有本身危险性高的物料，比如超过自燃点，或者液态烃、剧毒高性物料？比如高温油泵，一旦机封泄漏，物料漏出就会发生自燃？或者高毒剧毒物料，极少量的泄漏也会造成附近巡检或作业人员死亡？ 剧毒、高毒物料管道或设备的导淋是否加装管帽、盲板防止泄漏？
2	内漏	过多	所有换热器内漏的情况	对换热器进行逐一判定，例如： E101 换热器，壳程和管程哪边压力高？如果发生内漏，物料侧漏入循环水侧，还是循环水漏入物料侧，可能造成的后果是什么？
3	腐蚀	过早	节点内所有腐蚀工况中造成的速度过快的材质减薄	在化工企业中，管道设备老化、腐蚀、减薄是必然的，要查看这个偏离是否有腐蚀过快的情况，超过了设备正常的检测、检修周期。 这个节点中，有没有存在特殊腐蚀机理的工况，可能引发腐蚀过快的情况，比如酸碱腐蚀（从 pH 酸碱度考虑）、电化学腐蚀（含电解液工况）、垢下腐蚀（易结垢设备、换热器）、冲刷腐蚀（两相流或有固体颗粒的工况）、硫腐蚀（含硫物料）、露点腐蚀（锅炉、反应炉、加热炉烟气温度低，燃料气中含硫）、应力腐蚀（水锤工况）、氯腐蚀（氯离子对不锈钢材料）、氢腐蚀（高温高压临氢工况） 还可以问这个节点的设备在实际运行中是否经常出现沙眼或其他形式的泄漏，若不是焊缝泄漏，则说明该节点设备减薄较快，考虑对应各种腐蚀工况
4	仪表	不当	仪表的审查是对具体参数的一个补充，主要包括基本过程控制系统，安全仪表系统，可燃和有毒气体报警仪等。主要考虑以下方面： 1. 仪表故障安全，如在出现空气或信号故障时，控制阀能否实现上下游管线设备都处于安全状态； 2. 仪表选型，如易聚合的物料的液位计选型； 3. 仪表设置，如仪表的设置是否会导致下游或上游管道或设备超载（超压、过热或过冷）； 4. 可操作性问题，如安全仪表系统是否与控制系统充分独立； 5. 仪表是否需要在线维护，对于有 SIL 等级的仪表是否满足其维护要求	1. 考虑阀门事故开（FO）、事故关（FC）、事故锁（FL）设定是否合理，不建议每个都看，但是关键的几个需要看一下，比如一般的安全泄放应为 FO、塔回流或再沸控制阀门、进料阀一般为 FC 2. 询问这个节点中的自动控制回路是否都能投上自动？如果长期无法投自动的话，说明在设置上可能不合理，询问是工艺设定问题或设备选型或维修维护的问题 3. 易聚合的物料、黏度大的物料、杂质很多的工况，仪表导压管可能会堵，这类工况可重点问下该区域的仪表工作情况是否正常，是否经常出现假指示、仪表损坏等情况 4. 仪表设置的独立性（DCS 与 SIS） 5. 仪表的维护情况，是否有专门制度、多久维护一次、维护方式等

序号	偏离		说明	分析时可提出的问题
5	设备布置	不当	设施布置不满足设计或操作要求、影响操作效率。考查当前节点中由于布置不当不方便操作、维修作业、不便于逃生等	在役装置进行询问 问题举例：平台上的逃生通道设置是否合理？管廊下是否设置了高温油泵、高温换热器等泄漏后易燃的设备？这个节点区域里有没有操作起来不符合人机工程学（就是操作起来不便当）的地方
6	压力分界	不当	压力分界主要看图纸中高压到低压地方的分界点是否合适，如：高低压分界点后面是否还有阀门	节点中是否存在高低压工况，存在高低工况情况下，关注分界点，如，高低压分界点后面是否还有阀门，如果前面阀门未关，后面阀门误关闭是否造成管道憋压超压情况
7	材料分界	不当	材料分界主要关注由于物料的变化而导致对材质要求的改变，这种情况下选材不当，如： 1. 物料的状态是否发生改变，如液态丙烯降压气化； 2. 是否发生了反应，如反应生产硫化氢和水； 3. 是否添加其他物料，如对带有硫化氢的气体进行水洗	节点中是否存在高低温工况、物料反应情况、物料状态变化情况，如左边表格中例子 1. 若出现异常工况，可能减压气化造成局部低温的情况，需考虑低温材料； 2. 若出现异常工况，可能反应生成酸碱性物料的情况，需考虑材料耐腐蚀
8	维护	过少	日常维护做得不到位	关键设备（一旦故障将造成严重后果）是否有专门的维护制度、维护策略、维护记录，一般考虑转动设备，如大型压缩机、关键机泵
9		异常	日常维护可能发生的危险	
10		部分	维护所需要的条件是否足够，如：倒空、置换、吹扫、隔离、蒸煮等	是否存在易堵塞工况，若存在，是否设有吹扫线，比如石蜡或凝点低的高温物料，通过泵输送，一旦泵停，需立即将泵倒空、置换，否则泵中物料凝固，损坏泵
11	维修	异常	设备检修过程中发生的危险	考虑检修时可能会出现的交叉作业情况，如裂解炉内部炉管更换； 考虑检修时物料未能完全清理干净造成的危险，如重质油、乙焦等含硫物料没有清洗干净，在运行过程中已在设备表面形成硫化亚铁，检修时打开设备遇氧自燃； 无氧作业工况（如水下作业、氮气环境作业等）是否有专门的作业管理制度、流程等
12	保温/保冷	无	缺少对设备的保温或保冷的措施	防烫保温、跑热跑冷增加能耗

序号	偏离		说明	分析时可提出的问题
13	采样	无	什么地方需要取样而没有取样点： 1. 主物料进出界区； 2. 物料发生化学反应； 3. 物料分离后	关键工艺组分控制点是否设置了采样，如左表格中具体内容
14		异常	识别取样过程可能发生的危险： 1. 取样过程中造成人员中毒； 2. 人员烫伤和冻伤； 3. 取样管线位置设置不合理； 4. 取样阀不方便操作	采样点的压力、温度是否易造成人员伤害，如高压、高温处设置采样点，但未设置降温降压措施
15	采样形式	不当	采样选取的采样形式不对，如闭式取样、开式取样	剧毒、高毒物料采样时泄漏是否易造成人员伤害，是否可采取密闭采样形式
16	启动停止	异常	本参数用于识别开车和停车、紧急停车过程中的问题，复杂的开停车或在开停车过程中可能造成重大危险的要对开停车步骤进行HAZOP分析，发现其存在的问题。主要识别以下几个方面： 1. 开停车主要分为哪几个大步骤（进料、循环、升温、升压等）； 2. 每个步骤所需要的条件是否具备； 3. 每个步骤启动或停止时是否需要与其他装置或岗位的协调与配合； 4. 每个步骤正常开、停车时本节点存在哪些需要的注意事项及风险； 5. 异常情况下的启停可能带来的风险； 6. 泵、阀、搅拌器、换热器、反应器、精馏塔T101等的紧急启动、关闭操作的注意事项； 7. 非正常开停车操作	考虑关键设备的启动停止的注意事项，一般来说不做复杂考虑，简单过
17	开停车条件	过少	缺少开停车的便利性条件	考虑关键设备的启动停止的注意事项，一般来说不做复杂考虑，简单过
18	噪声	异常	识别有没有超过人体承受的噪声	本区域是否存在噪声区域，如泵房、压缩机房、放空线等

序号	偏离		说明	分析时可提出的问题
19	公用工程失效	无	停水、停电、停蒸汽等会对当前节点造成什么影响	水、电、蒸汽、仪表风停会对节点内的设备、工艺运行产生的影响，简单过
20	静电	过多	识别由于流体流动摩擦产生静电积累	考虑重大危险源区是否设有人体静电消除器、装卸车是否可能流速过快
21	振动	过多	识别设备的非正常振动	1. 转动设备的异常振动； 2. 高压到低压工况的管道振动（一般通过多级孔板或调节阀缓解）
22	人为因素	伴随	在操作过程中对人的影响	人员现场误操作，室内误操作，一般在常规偏离中已进行讨论
23	粉尘	导致	识别易发生粉尘爆炸的物质或工艺系统	粉尘工况，考虑是爆炸性粉尘、易燃粉尘、职业伤害粉尘
24	以往事故	导致	整理以往事故的原因、后果及处理措施	企业在本节点内是否发生过安全或者生产事件？行业内同类装置是否有过类似事件（需主席提前查找准备）
25	其他	导致	会议中讨论出来不是分析的偏离的部分	是否有我们没有讨论到的偏离，各位有没有补充？没有的话就过

附录三　18 种危险工艺

1. 光气及光气化工艺

反应类型	重点监控单元
放热反应	光气化反应釜、光气储运单元
工艺简介	

光气及光气化工艺包含光气的制备工艺，以及以光气为原料制备光气化产品的工艺路线，光气化工艺主要分为气相和液相两种

工艺危险特点

（1）光气为剧毒气体，在储运、使用过程中发生泄漏后，易造成大面积污染、中毒事故；
（2）反应介质具有燃爆危险性；
（3）副产物氯化氢具有腐蚀性，易造成设备和管线泄漏使人员发生中毒事故

典型工艺

一氧化碳与氯气的反应得到光气；光气合成双光气、三光气；采用光气作单体合成聚碳酸酯；甲苯二异氰酸酯（TDI）的制备；4,4′-二苯基甲烷二异氰酸酯（MDI）的制备；异氰酸酯的制备

重点监控工艺参数
一氧化碳、氯气含水量；反应釜温度、压力；反应物质的配料比；光气进料速度，冷却系统中冷却介质的温度、压力、流量等

安全控制的基本要求
事故紧急切断阀；紧急冷却系统；反应釜温度、压力报警联锁；局部排风设施；有毒气体回收及处理系统；自动泄压装置；自动氨或碱液喷淋装置；光气、氯气、一氧化碳监测及超限报警；双电源供电

宜采用的控制方式
光气及光气化生产系统一旦出现异常现象或发生光气及其剧毒产品泄漏事故时，应通过自控联锁装置启动紧急停车并自动切断所有进出生产装置的物料，将反应装置迅速冷却降温，同时将发生事故设备内的剧毒物料导入事故槽内，开启氨水、稀碱液喷淋，启动通风排毒系统，将事故部位的有毒气体排至处理系统

2. 电解工艺（氯碱）

反应类型	重点监控单元
吸热反应	电解槽、氯气储运单元

工艺简介
电流通过电解质溶液或熔融电解质时，在两个极上所引起的化学变化称为电解反应。涉及电解反应的工艺过程为电解工艺。许多基本化学工业产品（氢、氧、氯、烧碱、过氧化氢等）的制备，都是通过电解来实现的

工艺危险特点
（1）电解食盐水过程中产生的氢气是极易燃烧的气体，氯气是氧化性很强的剧毒气体，两种气体混合极易发生爆炸，当氯气中含氢量达到 5% 以上，则随时可能在光照或受热情况下发生爆炸； （2）如果盐水中存在的铵盐超标，在适宜的条件（pH<4.5）下，铵盐和氯作用可生成氯化铵，浓氯化铵溶液与氯还可生成黄色油状的三氯化氮。三氯化氮是一种爆炸性物质，与许多有机物接触或加热至 90℃ 以上以及被撞击、摩擦等，即发生剧烈的分解而爆炸； （3）电解溶液腐蚀性强； （4）液氯的生产、储存、包装、输送、运输可能发生泄漏

典型工艺
氯化钠（食盐）水溶液电解生产氯气、氢氧化钠、氢气；氯化钾水溶液电解生产氯气、氢氧化钾、氢气

重点监控工艺参数
电解槽内液位；电解槽内电流和电压；电解槽进出物料流量；可燃和有毒气体浓度；电解槽的温度和压力；原料中铵含量；氯气杂质含量（水、氢气、氧气、三氯化氮等）等

安全控制的基本要求
电解槽温度、压力、液位、流量报警和联锁；电解供电整流装置与电解槽供电的报警和联锁；紧急联锁切断装置；事故状态下氯气吸收中和系统；可燃和有毒气体检测报警装置等

宜采用的控制方式
将电解槽内压力、槽电压等形成联锁关系，系统设立联锁停车系统。 安全设施，包括安全阀、高压阀、紧急排放阀、液位计、单向阀及紧急切断装置等

3. 氯化工艺

反应类型	重点监控单元
放热反应	氯化反应釜、氯气储运单元

工艺简介

氯化是化合物的分子中引入氯原子的反应，包含氯化反应的工艺过程为氯化工艺，主要包括取代氯化、加成氯化、氧氯化等

工艺危险特点

（1）氯化反应是一个放热过程，尤其在较高温度下进行氯化，反应更为剧烈，速度快，放热量较大；

（2）所用的原料大多具有燃爆危险性；

（3）常用的氯化剂氯气本身为剧毒化学品，氧化性强，储存压力较高，多数氯化工艺采用液氯生产是先气化再氯化，一旦泄漏危险性较大；

（4）氯气中的杂质，如水、氢气、氧气、三氯化氮等，在使用中易发生危险，特别是三氯化氮积累后，容易引发爆炸危险；

（5）生成的氯化氢气体遇水后腐蚀性强；

（6）氯化反应尾气可能形成爆炸性混合物

典型工艺

（1）取代氯化　氯取代烷烃的氢原子制备氯代烷烃；氯取代苯的氢原子生产六氯化苯；氯取代萘的氢原子生产多氯化萘；甲醇与氯反应生产氯甲烷；乙醇和氯反应生产氯乙烷（氯乙醛类）；醋酸与氯反应生产氯乙酸；氯取代甲苯的氢原子生产苄基氯等。

（2）加成氯化　乙烯与氯加成氯化生产 1,2- 二氯乙烷；乙炔与氯加成氯化生产 1,2- 二氯乙烯；乙炔和氯化氢加成生产氯乙烯等。

（3）氧氯化　乙烯氧氯化生产二氯乙烷；丙烯氧氯化生产 1,2- 二氯丙烷；甲烷氧氯化生产甲烷氯化物；丙烷氧氯化生产丙烷氯化物等。

（4）其他工艺　硫与氯反应生成一氯化硫；四氯化钛的制备；次氯酸、次氯酸钠或 N- 氯代丁二酰亚胺与胺反应制备 N- 氯化物；氯化亚砜作为氯化剂制备氯化物；黄磷与氯气反应生产三氯化磷、五氯化磷等

重点监控工艺参数

氯化反应釜温度和压力；氯化反应釜搅拌速率；反应物料的配比；氯化剂进料流量；冷却系统中冷却介质的温度、压力、流量等；氯气杂质含量（水、氢气、氧气、三氯化氮等）；氯化反应尾气组成等

安全控制的基本要求

反应釜温度和压力的报警和联锁；反应物料的比例控制和联锁；搅拌的稳定控制；进料缓冲器；紧急进料切断系统；紧急冷却系统；安全泄放系统；事故状态下氯气吸收中和系统；可燃和有毒气体检测报警装置等

宜采用的控制方式

将氯化反应釜内温度、压力与釜内搅拌、氯化剂流量、氯化反应釜夹套冷却水进水阀形成联锁关系，设立紧急停车系统。

安全设施，包括安全阀、高压阀、紧急放空阀、液位计、单向阀及紧急切断装置等

4. 硝化工艺

反应类型	重点监控单元
放热反应	硝化反应釜、分离单元

工艺简介
硝化是有机化合物分子中引入硝基（—NO$_2$）的反应，最常见的是取代反应。硝化方法可分成直接硝化法、间接硝化法和亚硝化法，分别用于生产硝基化合物、硝酸铵、硝酸酯和亚硝基化合物等。涉及硝化反应的工艺过程为硝化工艺

工艺危险特点
（1）反应速度快，放热量大。大多数硝化反应是在非均相中进行的，反应组分的不均匀分布容易引起局部过热导致危险。尤其在硝化反应开始阶段，停止搅拌或由于搅拌叶片脱落等造成搅拌失效是非常危险的，一旦搅拌再次开动，就会突然引发局部激烈反应，瞬间释放大量的热量，引起爆炸事故； （2）反应物料具有燃爆危险性； （3）硝化剂具有强腐蚀性、强氧化性，与油脂、有机化合物（尤其是不饱和有机化合物）接触能引起燃烧或爆炸； （4）硝化产物、副产物具有爆炸危险性

典型工艺
（1）直接硝化法　丙三醇与混酸反应制备硝酸甘油；氯苯硝化制备邻硝基氯苯、对硝基氯苯；苯硝化制备硝基苯；蒽醌硝化制备 1- 硝基蒽醌；甲苯硝化生产三硝基甲苯（TNT）；浓硝酸、亚硝酸钠和甲醇制备亚硝酸甲酯；丙烷等烷烃与硝酸通过气相反应制备硝基烷烃等。 （2）间接硝化法　硝酸胍、硝基胍的制备；苯酚采用磺酰基的取代硝化制备苦味酸等。 （3）亚硝化法　2- 萘酚与亚硝酸盐反应制备 1- 亚硝基 -2- 萘酚；二苯胺与亚硝酸钠和硫酸水溶液反应制备对亚硝基二苯胺等

重点监控工艺参数
硝化反应釜内温度、搅拌速率；硝化剂流量；冷却水流量；pH 值；硝化产物中杂质含量；精馏分离系统温度；塔釜杂质含量等

安全控制的基本要求
反应釜温度的报警和联锁；自动进料控制和联锁；紧急冷却系统；搅拌的稳定控制和联锁系统；分离系统温度控制与联锁；塔釜杂质监控系统；安全泄放系统等

宜采用的控制方式
将硝化反应釜内温度与釜内搅拌、硝化剂流量、硝化反应釜夹套冷却水进水阀形成联锁关系，在硝化反应釜处设立紧急停车系统，当硝化反应釜内温度超标或搅拌系统发生故障，能自动报警并自动停止加料。分离系统温度与加热、冷却形成联锁，温度超标时，能停止加热并紧急冷却。 硝化反应系统应设有泄爆管和紧急排放系统

5. 合成氨工艺

反应类型	重点监控单元
吸热反应	合成塔、压缩机、氨储存系统

工艺简介
氮和氢两种组分按一定比例（1：3）组成的气体（合成气），在高温、高压下（一般为 400 ～ 450 ℃，15 ～ 30MPa）经催化反应生成氨的工艺过程

工艺危险特点

（1）高温、高压使可燃气体爆炸极限扩宽，气体物料一旦过氧（亦称透氧），极易在设备和管道内发生爆炸；

（2）高温、高压气体物料从设备管线泄漏时会迅速膨胀与空气混合形成爆炸性混合物，遇到明火或因高流速物料与裂（喷）口处摩擦产生静电火花引起着火和空间爆炸；

（3）气体压缩机等转动设备在高温下运行会使润滑油挥发裂解，在附近管道内造成积炭，可导致积炭燃烧或爆炸；

（4）高温、高压可加速设备金属材料发生蠕变、改变金相组织，还会加剧氢气、氮气对钢材的氢蚀及渗氮，加剧设备的疲劳腐蚀，使其机械强度减弱，引发物理爆炸；

（5）液氨大规模事故性泄漏会形成低温云团引起大范围人群中毒，遇明火还会发生空间爆炸

典型工艺

（1）节能 AMV 法；

（2）德士古水煤浆加压气化法；

（3）凯洛格法；

（4）甲醇与合成氨联合生产的联醇法；

（5）纯碱与合成氨联合生产的联碱法；

（6）采用变换催化剂、氧化锌脱硫剂和甲烷催化剂的"三催化"气体净化法等

重点监控工艺参数

合成塔、压缩机、氨储存系统的运行基本控制参数，包括温度、压力、液位、物料流量及比例等

安全控制的基本要求

合成氨装置温度、压力报警和联锁；物料比例控制和联锁；压缩机的温度、入口分离器液位、压力报警联锁；紧急冷却系统；紧急切断系统；安全泄放系统；可燃、有毒气体检测报警装置

宜采用的控制方式

将合成氨装置内温度、压力与物料流量、冷却系统形成联锁关系；将压缩机温度、压力、入口分离器液位与供电系统形成联锁关系；紧急停车系统。

合成单元自动控制还需要设置以下几个控制回路：（1）氨分、冷交液位；（2）废锅液位；（3）循环量控制；（4）废锅蒸汽流量；（5）废锅蒸汽压力。

安全设施，包括安全阀、爆破片、紧急放空阀、液位计、单向阀及紧急切断装置等

6. 裂解（裂化）工艺

反应类型	重点监控单元
高温吸热反应	裂解炉、制冷系统、压缩机、引风机、分离单元
工艺简介	

裂解是指石油系的烃类原料在高温条件下，发生碳链断裂或脱氢反应，生成烯烃及其他产物的过程。产品以乙烯、丙烯为主，同时副产丁烯、丁二烯等烯烃和裂解汽油、柴油、燃料油等产品。

烃类原料在裂解炉内进行高温裂解，产出组成为氢气、低/高碳烃类、芳烃类以及馏分为 288℃ 以上的裂解燃料油的裂解气混合物。经过急冷、压缩、激冷、分馏以及干燥和加氢等方法，分离出目标产品和副产品。

在裂解过程中，同时伴随缩合、环化和脱氢等反应。由于所发生的反应很复杂，通常把反应分成两个阶段。第一阶段，原料变成的目的产物为乙烯、丙烯，这种反应称为一次反应。第二阶段，一次反应生成的乙烯、丙烯继续反应转化为炔烃、二烯烃、芳烃、环烷烃，甚至最终转化为氢气和焦炭，这种反应称为二次反应。裂解产物往往是多种组分混合物。影响裂解的基本因素主要为温度和反应的持续时间。化工生产中用热裂解的方法生产小分子烯烃、炔烃和芳香烃，如乙烯、丙烯、丁二烯、乙炔、苯和甲苯等

工艺危险特点

（1）在高温（高压）下进行反应，装置内的物料温度一般超过其自燃点，若漏出会立即引起火灾；

（2）炉管内壁结焦会使流体阻力增加，影响传热，当焦层达到一定厚度时，因炉管壁温度过高，而不能继续运行下去，必须进行清焦，否则会烧穿炉管，裂解气外泄，引起裂解爆炸；

（3）如果由于断电或引风机机械故障而使引风机突然停转，则炉膛内很快变成正压，会从窥视孔或烧嘴等处向外喷火，严重时会引起炉膛爆炸；

（4）如果燃料系统大幅度波动，燃料气压力过低，则可能造成裂解炉烧嘴回火，使烧嘴烧坏，甚至会引起爆炸；

（5）有些裂解工艺产生的单体会自聚或爆炸，需要向生产的单体中加阻聚剂或稀释剂等

典型工艺

热裂解制烯烃工艺；重油催化裂化制汽油、柴油、丙烯、丁烯；乙苯裂解制苯乙烯；二氟一氯甲烷（HCFC-22）热裂解制得四氟乙烯（TFE）；二氟一氯乙烷（HCFC-142b）热裂解制得偏氟乙烯（VDF）；四氟乙烯和八氟环丁烷热裂解制得六氟乙烯（HFP）等

重点监控工艺参数

裂解炉进料流量；裂解炉温度；引风机电流；燃料油进料流量；稀释蒸汽比及压力；燃料油压力；滑阀差压超驰控制、主风流量控制、外取热器控制、机组控制、锅炉控制等

安全控制的基本要求

裂解炉进料压力、流量控制报警与联锁；紧急裂解炉温度报警和联锁；紧急冷却系统；紧急切断系统；反应压力与压缩机转速及入口放火炬控制；再生压力的分程控制；滑阀差压与料位；温度的超驰控制；再生温度与外取热器负荷控制；外取热器汽包和锅炉汽包液位的三冲量控制；锅炉的熄火保护；机组相关控制；可燃与有毒气体检测报警装置等

宜采用的控制方式

将引风机电流与裂解炉进料阀、燃料油进料阀、稀释蒸汽阀之间形成联锁关系，一旦引风机故障停车，则裂解炉自动停止进料并切断燃料供应，但应继续供应稀释蒸汽，以带走炉膛内的余热。

将燃料油压力与燃料油进料阀、裂解炉进料阀之间形成联锁关系，燃料油压力降低，则切断燃料油进料阀，同时切断裂解炉进料阀。

分离塔应安装安全阀和放空管，低压系统与高压系统之间应有逆止阀并配备固定的氮气装置、蒸汽灭火装置。

将裂解炉电流与锅炉给水流量、稀释蒸汽流量之间形成联锁关系；一旦水、电、蒸汽等公用工程出现故障，裂解炉能自动紧急停车。

反应压力正常情况下由压缩机转速控制，开工及非正常工况下由压缩机入口放火炬控制。

再生压力由烟机入口蝶阀和旁路滑阀（或蝶阀）分程控制。

再生、待生滑阀正常情况下分别由反应温度信号和反应器料位信号控制，一旦滑阀差压出现低限，则转由滑阀差压控制。

再生温度由外取热器催化剂循环量或流化介质流量控制。

外取热汽包和锅炉汽包液位采用液位、补水量和蒸量三冲量控制。

带明火的锅炉设置熄火保护控制。

大型机组设置相关的轴温、轴振动、轴位移、油压、油温、防喘振等系统控制。

在装置存在可燃气体、有毒气体泄漏的部位设置可燃气体报警仪和有毒气体报警仪

7. 氟化工艺

反应类型	重点监控单元
放热反应	氟化剂储运单元

工艺简介

氟化是化合物的分子中引入氟原子的反应，涉及氟化反应的工艺过程为氟化工艺。氟与有机化合物作用是强放热反应，放出大量的热可使反应物分子结构遭到破坏，甚至着火爆炸。氟化剂通常为氟气、卤族氟化物、惰性元素氟化物、高价金属氟化物、氟化氢、氟化钾等

工艺危险特点

（1）反应物料具有燃爆危险性；

（2）氟化反应为强放热反应，不及时排除反应热量，易导致超温超压，引发设备爆炸事故；

（3）多数氟化剂具有强腐蚀性、剧毒，在生产、储存、运输、使用等过程中，容易因泄漏、操作不当、误接触以及其他意外而造成危险

典型工艺

（1）直接氟化　黄磷氟化制备五氟化磷等。

（2）金属氟化物或氟化氢气体氟化　SbF_3、AgF_2、CoF_2 等金属氟化物与烃反应制备氟化烃；氟化氢气体与氢氧化铝反应制备氟化铝等。

（3）置换氟化　三氯甲烷氟化制备二氟一氯甲烷；2,4,5,6- 四氯嘧啶与氟化钠制备 2,4,6- 三氟 -5- 氟嘧啶等。

（4）其他氟化物的制备　三氟化硼的制备；浓硫酸与氟化钙（萤石）制备无水氟化氢等

重点监控工艺参数

氟化反应釜内温度、压力；氟化反应釜内搅拌速率；氟化物流量；助剂流量；反应物的配料比；氟化物浓度

安全控制的基本要求

反应釜内温度和压力与反应进料、紧急冷却系统的报警和联锁；搅拌的稳定控制系统；安全泄放系统；可燃和有毒气体检测报警装置等

宜采用的控制方式

氟化反应操作中，要严格控制氟化物浓度、投料配比、进料速度和反应温度等。必要时应设置自动比例调节装置和自动联锁控制装置。

将氟化反应釜内温度、压力与釜内搅拌、氟化物流量、氟化反应釜夹套冷却水进水阀形成联锁控制，在氟化反应釜处设立紧急停车系统，当氟化反应釜内温度或压力超标或搅拌系统发生故障时自动停止加料并紧急停车。设置安全泄放系统

8. 加氢工艺

反应类型	重点监控单元
放热反应	加氢反应釜、氢气压缩机

工艺简介

加氢是在有机化合物分子中加入氢原子的反应，涉及加氢反应的工艺过程为加氢工艺，主要包括不饱和键加氢、芳环化合物加氢、含氮化合物加氢、含氧化合物加氢、氢解等

工艺危险特点

（1）反应物料具有燃爆危险性，氢气的爆炸极限为4%～75%，具有高燃爆危险特性；

（2）加氢为强烈的放热反应，氢气在高温高压下与钢材接触，钢材内的碳分子易与氢气发生反应生成碳氢化合物，使钢制设备强度降低，发生氢脆；

（3）催化剂再生和活化过程中易引发爆炸；

（4）加氢反应尾气中有未完全反应的氢气和其他杂质在排放时易引发着火或爆炸

典型工艺

（1）不饱和炔烃、烯烃的三键和双键加氢　环戊二烯加氢生产环戊烯等。

（2）芳烃加氢　苯加氢生成环己烷；苯酚加氢生产环己醇等。

（3）含氧化合物加氢　一氧化碳加氢生产甲醇；丁醛加氢生产丁醇；辛烯醛加氢生产辛醇等。

（4）含氮化合物加氢　己二腈加氢生产己二胺；硝基苯催化加氢生产苯胺等。

（5）油品加氢　馏分油加氢裂化生产石脑油、柴油和尾油；渣油加氢改质；减压馏分油加氢改质；催化（异构）脱蜡生产低凝柴油、润滑油基础油等

重点监控工艺参数

加氢反应釜或催化剂床层温度、压力；加氢反应釜内搅拌速率；氢气流量；反应物质的配料比；系统氧含量；冷却水流量；氢气压缩机运行参数、加氢反应尾气组成等

安全控制的基本要求

温度和压力的报警和联锁；反应物料的比例控制和联锁系统；紧急冷却系统；搅拌的稳定控制系统；氢气紧急切断系统；加装安全阀、爆破片等安全设施；循环氢压缩机停机报警和联锁；氢气检测报警装置等

宜采用的控制方式

将加氢反应釜内温度、压力与釜内搅拌电流、氢气流量、加氢反应釜夹套冷却水进水阀形成联锁关系，设立紧急停车系统。加入急冷氮气或氢气的系统。当加氢反应釜内温度或压力超标或搅拌系统发生故障时自动停止加氢，泄压，并进入紧急状态。设置安全泄放系统

9. 重氮化工艺

反应类型	重点监控单元
绝大多数是放热反应	重氮化反应釜、后处理单元
工艺简介	

一级胺与亚硝酸在低温下作用，生成重氮盐的反应。脂肪族、芳香族和杂环的一级胺都可以进行重氮化反应。涉及重氮化反应的工艺过程为重氮化工艺。通常重氮化试剂是由亚硝酸钠和盐酸作用临时制备的。除盐酸外，也可以使用硫酸、高氯酸和氟硼酸等无机酸。脂肪族重氮盐很不稳定，即使在低温下也能迅速自发分解，芳香族重氮盐较为稳定

工艺危险特点

（1）重氮盐在温度稍高或光照的作用下，特别是含有硝基的重氮盐极易分解，有的甚至在室温时亦能分解。在干燥状态下，有些重氮盐不稳定，活性强，受热或摩擦、撞击等作用能发生分解甚至爆炸；

（2）重氮化生产过程所使用的亚硝酸钠是无机氧化剂，175℃时能发生分解、与有机物反应导致着火或爆炸；

（3）反应原料具有燃爆危险性

典型工艺		

（1）顺法　对氨基苯磺酸钠与 2- 萘酚制备酸性橙 - Ⅱ 染料；芳香族伯胺与亚硝酸钠反应制备芳香族重氮化合物等。

（2）反加法　间苯二胺生产二氟硼酸间苯二重氮盐；苯胺与亚硝酸钠反应生产苯胺基重氮苯等。

（3）亚硝酰硫酸法　2- 氰基 -4- 硝基苯胺、2- 氰基 -4- 硝基 -6- 溴苯胺、2,4- 二硝基 -6- 溴苯胺、2,6- 二氰基 -4- 硝基苯胺和 2,4- 二硝基 -6- 氰基苯胺为重氮组分与端氨基含醚基的偶合组分经重氮化、偶合成单偶氮分散染料；2- 氰基 -4- 硝基苯胺为原料制备蓝色分散染料等。

（4）硫酸铜触媒法　邻、间氨基苯酚用弱酸（醋酸、草酸等）或易于水解的无机盐和亚硝酸钠反应制备邻、间氨基苯酚的重氮化合物等。

（5）盐析法　氨基偶氮化合物通过盐析法进行重氮化生产多偶氮染料等

重点监控工艺参数		

重氮化反应釜内温度、压力、液位、pH 值；重氮化反应釜内搅拌速率；亚硝酸钠流量；反应物质的配料比；后处理单元温度等

安全控制的基本要求		

反应釜温度和压力的报警和联锁；反应物料的比例控制和联锁系统；紧急冷却系统；紧急停车系统；安全泄放系统；后处理单元配置温度监测、惰性气体保护的联锁装置等

宜采用的控制方式		

将重氮化反应釜内温度、压力与釜内搅拌、亚硝酸钠流量、重氮化反应釜夹套冷却水进水阀形成联锁关系，在重氮化反应釜处设立紧急停车系统，当重氮化反应釜内温度超标或搅拌系统发生故障时自动停止加料并紧急停车。设置安全泄放系统。

重氮盐后处理设备应配置温度检测、搅拌、冷却联锁自动控制调节装置，干燥设备应配置温度测量、加热热源开关、惰性气体保护的联锁装置。

安全设施，包括安全阀、爆破片、紧急放空阀等

10. 氧化工艺

反应类型	重点监控单元
放热反应	氧化反应釜
工艺简介	

氧化为有电子转移的化学反应中失电子的过程，即氧化数升高的过程。多数有机化合物的氧化反应表现为反应原料得到氧或失去氢。涉及氧化反应的工艺过程为氧化工艺。常用的氧化剂有：空气、氧气、双氧水、氯酸钾、高锰酸钾、硝酸盐等

工艺危险特点	

（1）反应原料及产品具有燃爆危险性；

（2）反应气相组成容易达到爆炸极限，具有闪爆危险；

（3）部分氧化剂具有燃爆危险性，如氯酸钾，高锰酸钾、铬酸酐等都属于氧化剂，如遇高温或受撞击、摩擦以及与有机物、酸类接触，皆能引起火灾爆炸；

（4）产物中易生成过氧化物，化学稳定性差，受高温、摩擦或撞击作用易分解、燃烧或爆炸

典型工艺

乙烯氧化制环氧乙烷；甲醇氧化制备甲醛；对二甲苯氧化制备对苯二甲酸；克劳斯法气体脱硫；一氧化氮、氧气和甲（乙）醇制备亚硝酸甲（乙）酯；

双氧水或有机过氧化物为氧化剂生产环氧丙烷、环氧氯丙烷；异丙苯经氧化 - 酸解联产苯酚和丙酮；环己烷氧化制备环己酮；天然气氧化制备乙炔；丁烯、丁烷、C_4 馏分或苯的氧化制备顺丁烯二酸酐；邻二甲苯或萘的氧化制备邻苯二甲酸酐；均四甲苯的氧化制备均苯四甲酸二酐；芘的氧化制备 1,8- 萘二甲酸酐；3- 甲基吡啶氧化制 3- 吡啶甲酸（烟酸）；4- 甲基吡啶氧化制 4- 吡啶甲酸（异烟酸）；2- 乙基己醇（异辛醇）氧化制备 2- 乙基己酸（异辛酸）；对氯甲苯氧化制备对氯苯甲醛和对氯苯甲酸；甲苯氧化制备苯甲醛、苯甲酸；对硝基甲苯氧化制备对硝基苯甲酸；环十二醇 / 酮混合物的开环氧化制备十二碳二酸；环己酮 / 醇混合物的氧化制备己二酸；乙二醛硝酸氧化法合成乙醛酸；丁醛氧化制备丁酸；氨氧化制备硝酸等

重点监控工艺参数

氧化反应釜内温度和压力；氧化反应釜内搅拌速率；氧化剂流量；反应物料的配比；气相氧含量；过氧化物含量等

安全控制的基本要求

反应釜温度和压力的报警和联锁；反应物料的比例控制和联锁及紧急切断动力系统；紧急断料系统；紧急冷却系统；紧急送入惰性气体的系统；气相氧含量监测、报警和联锁；安全泄放系统；可燃和有毒气体检测报警装置等

宜采用的控制方式

将氧化反应釜内温度和压力与反应物的配比和流量、氧化反应釜夹套冷却水进水阀、紧急冷却系统形成联锁关系，在氧化反应釜处设立紧急停车系统，当氧化反应釜内温度超标或搅拌系统发生故障时自动停止加料并紧急停车。配备安全阀、爆破片等安全设施

11. 过氧化工艺

反应类型	重点监控单元
吸热反应或放热反应	过氧化反应釜

工艺简介

向有机化合物分子中引入过氧基（—O—O—）的反应称为过氧化反应，得到的产物为过氧化物的工艺过程为过氧化工艺

工艺危险特点

（1）过氧化物都含有过氧基（—O—O—），属含能物质，由于过氧键结合力弱，断裂时所需的能量不大，对热、振动、冲击或摩擦等都极为敏感，极易分解甚至爆炸；

（2）过氧化物与有机物、纤维接触时易发生氧化、产生火灾；

（3）反应气相组成容易达到爆炸极限，具有燃爆危险

典型工艺

双氧水的生产；叔丁醇与双氧水制备叔丁基过氧化氢；乙酸在硫酸存在下与双氧水作用，制备过氧乙酸水溶液；酸酐与双氧水作用直接制备过氧二酸；苯甲酰氯与双氧水的碱性溶液作用制备过氧化苯甲酰；异丙苯经空气氧化生产过氧化氢异丙苯等

重点监控工艺参数

过氧化反应釜内温度；pH 值；过氧化反应釜内搅拌速率；（过）氧化剂流量；参加反应物质的配料比；过氧化物浓度；气相氧含量等

続表

安全控制的基本要求

反应釜温度和压力的报警和联锁；反应物料的比例控制和联锁及紧急切断动力系统；紧急断料系统；紧急冷却系统；紧急送入惰性气体的系统；气相氧含量监测、报警和联锁；紧急停车系统；安全泄放系统；可燃和有毒气体检测报警装置等

宜采用的控制方式

将过氧化反应釜内温度与釜内搅拌电流、过氧化物流量、过氧化反应釜夹套冷却水进水阀形成联锁关系，设置紧急停车系统。

过氧化反应系统应设置泄爆管和安全泄放系统

12. 胺基化工艺

反应类型	重点监控单元
放热反应	胺基化反应釜

工艺简介

胺化是在分子中引入胺基（R₂N—）的反应，包括 R—CH₃烃类化合物（R：氢、烷基、芳基）在催化剂存在下，与氨和空气的混合物进行高温氧化反应，生成腈类等化合物的反应。涉及上述反应的工艺过程为胺基化工艺

工艺危险特点

（1）反应介质具有燃爆危险性；

（2）在常压下 20℃时，氨气的爆炸极限为 15%～27%，随着温度、压力的升高，爆炸极限的范围增大。因此，在一定的温度、压力和催化剂的作用下，氨的氧化反应放出大量热，一旦氨气与空气比失调，就可能发生爆炸事故；

（3）由于氨呈碱性，具有强腐蚀性，在混有少量水分或湿气的情况下无论是气态或液态氨都会与铜、银、锡、锌及其合金发生化学作用；

（4）氨易与氧化银或氧化汞反应生成爆炸性化合物（雷酸盐）

典型工艺

邻硝基氯苯与氨水反应制备邻硝基苯胺；对硝基氯苯与氨水反应制备对硝基苯胺；间甲酚与氯化铵的混合物在催化剂和氨水作用下生成间甲苯胺；甲醇在催化剂和氨气作用下制备甲胺；1-硝基蒽醌与过量的氨水在氯苯中制备 1-氨基蒽醌；2,6-蒽醌二磺酸氨解制备 2,6-二氨基蒽醌；苯乙烯与胺反应制备 N-取代苯乙胺；环氧乙烷或亚乙基亚胺与胺或氨发生开环加成反应，制备氨基乙醇或二胺；氯氨法生产甲基肼；甲苯经氨氧化制备苯甲腈；丙烯氨氧化制备丙烯腈等

重点监控工艺参数

胺基化反应釜内温度、压力；胺基化反应釜内搅拌速率；物料流量；反应物质的配料比；气相氧含量等

安全控制的基本要求

反应釜温度和压力的报警和联锁；反应物料的比例控制和联锁系统；紧急冷却系统；气相氧含量监控联锁系统；紧急送入惰性气体的系统；紧急停车系统；安全泄放系统；可燃和有毒气体检测报警装置等

宜采用的控制方式

将胺基化反应釜内温度、压力与釜内搅拌、胺基化物料流量、胺基化反应釜夹套冷却水进水阀形成联锁关系，设置紧急停车系统。

安全设施，包括安全阀、爆破片、单向阀及紧急切断装置等

13. 磺化工艺

反应类型	重点监控单元
放热反应	磺化反应釜

工艺简介

磺化是向有机化合物分子中引入磺酰基（—SO_3H）的反应。磺化方法分为三氧化硫磺化法、共沸去水磺化法、氯磺酸磺化法、烘焙磺化法和亚硫酸盐磺化法等。涉及磺化反应的工艺过程为磺化工艺。磺化反应除了增加产物的水溶性和酸性外，还可以使产品具有表面活性。芳烃经磺化后，其中的磺酸基可进一步被其他基团 [如羟基（—OH）、氨基（—NH_2）、氰基（—CN）等] 取代，生产多种衍生物

工艺危险特点

（1）原料具有燃爆危险性；磺化剂具有氧化性、强腐蚀性；如果投料顺序颠倒、投料速度过快、搅拌不良、冷却效果不佳等，都有可能造成反应温度异常升高，使磺化反应变为燃烧反应，引起火灾或爆炸事故；

（2）氧化硫易冷凝堵管，泄漏后易形成酸雾，危害较大

典型工艺

（1）三氧化硫磺化法　气体三氧化硫和十二烷基苯等制备十二烷基苯磺酸钠；硝基苯与液态三氧化硫制备间硝基苯磺酸；甲苯磺化生产对甲苯磺酸和对位甲酚；对硝基甲苯磺化生产对硝基甲苯邻磺酸等。

（2）共沸去水磺化法　苯磺化制备苯磺酸；甲苯磺化制备甲基苯磺酸等。

（3）氯磺酸磺化法　芳香族化合物与氯磺酸反应制备芳磺酸和芳磺酰氯；乙酰苯胺与氯磺酸生产对乙酰氨基苯磺酰氯等。

（4）烘焙磺化法　苯胺磺化制备对氨基苯磺酸等。

（5）亚硫酸盐磺化法　2,4-二硝基氯苯与亚硫酸氢钠制备2,4-二硝基苯磺酸钠；1-硝基蒽醌与亚硫酸钠作用得到α-蒽醌硝酸等

重点监控工艺参数

磺化反应釜内温度；磺化反应釜内搅拌速率；磺化剂流量；冷却水流量

安全控制的基本要求

反应釜温度的报警和联锁；搅拌的稳定控制和联锁系统；紧急冷却系统；紧急停车系统；安全泄放系统；三氧化硫泄漏监控报警系统等

宜采用的控制方式

将磺化反应釜内温度与磺化剂流量、磺化反应釜夹套冷却水进水阀、釜内搅拌电流形成联锁关系，紧急断料系统，当磺化反应釜内各参数偏离工艺指标时，能自动报警、停止加料，甚至紧急停车。

磺化反应系统应设有泄爆管和紧急排放系统

14. 聚合工艺

反应类型	重点监控单元
放热反应	聚合反应釜、粉体聚合物料仓

工艺简介

聚合是一种或几种小分子化合物变成大分子化合物（也称高分子化合物或聚合物，通常分子量为 $1 \times 10^4 \sim 1 \times 10^7$）的反应，涉及聚合反应的工艺过程为聚合工艺，不包括涉及涂料、黏合剂、油漆等产品的常压条件聚合工艺。聚合工艺的种类很多，按聚合方法可分为本体聚合、悬浮聚合、乳液聚合、溶液聚合等

工艺危险特点

（1）聚合原料具有自聚和燃爆危险性；

（2）如果反应过程中热量不能及时移出，随物料温度上升，发生裂解和闪发聚合，所产生的热量使裂解和闪发聚合过程进一步加剧，进而引发反应器爆炸；

（3）部分聚合助剂危险性较大

典型工艺

（1）聚烯烃生产　聚乙烯生产；聚丙烯生产；聚苯乙烯生产等。

（2）聚氯乙烯生产

（3）合成纤维生产　聚对苯二甲酸乙二酯纤维生产；脂肪族聚酰胺纤维生产；聚乙烯醇缩甲醛纤维生产；聚丙烯腈纤维生产；尼龙生产等。

（4）橡胶生产　丁苯橡胶生产；顺丁橡胶生产；丁腈橡胶生产等。

（5）乳液生产　醋酸乙烯乳液生产；丙烯酸乳液生产等。

（6）氟化物聚合　四氟乙烯悬浮法、分散法生产聚四氟乙烯；四氟乙烯（TFE）和偏氟乙烯（VDF）聚合生产氟橡胶和偏氟乙烯 - 全氟丙烯共聚弹性体（俗称 26 型氟橡胶或氟橡胶 -26）等

重点监控工艺参数

聚合反应釜内温度、压力、搅拌速率；引发剂流量；冷却水流量；料仓静电、可燃气体监控等

安全控制的基本要求

反应釜温度和压力的报警和联锁；紧急冷却系统；紧急切断系统；紧急加入反应终止剂系统；搅拌的稳定控制和联锁系统；料仓静电消除、可燃气体置换系统，可燃和有毒气体检测报警装置；高压聚合反应釜设有防爆墙和泄爆面等

宜采用的控制方式

将聚合反应釜内温度、压力与釜内搅拌电流、聚合单体流量、引发剂加入量、聚合反应釜夹套冷却水进水阀形成联锁关系，在聚合反应釜处设立紧急停车系统。当反应超温、搅拌失效或冷却失效时，能及时加入聚合反应终止剂。设置安全泄放系统

15. 烷基化工艺

反应类型	重点监控单元
放热反应	烷基化反应釜
工艺简介	

把烷基引入有机化合物分子中的碳、氮、氧等原子上的反应称为烷基化反应。涉及烷基化反应的工艺过程为烷基化工艺，可分为 C- 烷基化反应、N- 烷基化反应、O- 烷基化反应等

工艺危险特点

（1）反应介质具有燃爆危险性；

（2）烷基化催化剂具有自燃危险性，遇水剧烈反应，放出大量热量，容易引起火灾甚至爆炸；

（3）烷基化反应都是在加热条件下进行，原料、催化剂、烷基化剂等加料次序颠倒、加料速度过快或者搅拌中断停止等异常现象容易引起局部剧烈反应，造成跑料，引发火灾或爆炸事故

典型工艺

（1）C-烷基化反应　乙烯、丙烯以及长链α-烯烃，制备乙苯、异丙苯和高级烷基苯；苯系物与氯代高级烷烃在催化剂作用下制备高级烷基苯；用脂肪醛和芳烃衍生物制备对称的二芳基甲烷衍生物；苯酚与丙酮在酸催化下制备2,2-对（对羟基苯基）丙烷（俗称双酚A）；乙烯与苯发生烷基化反应生产乙苯等。

（2）N-烷基化反应　苯胺和甲醚烷基化生产苯甲胺；苯胺与氯乙酸生产苯基氨基乙酸；苯胺和甲醇制备N,N-二甲基苯胺；苯胺和氯乙烷制备N,N-二乙基芳胺；对甲苯胺与硫酸二甲酯制备N,N-二甲基对甲苯胺；环氧乙烷与苯胺制备N-（β-羟乙基）苯胺；氨或脂肪胺和环氧乙烷制备乙醇胺类化合物；苯胺与丙烯腈反应制备N-（β-氰乙基）苯胺等。

（3）O-烷基化反应　对苯二酚、氢氧化钠水溶液和氯甲烷制备对苯二甲醚；硫酸二甲酯与苯酚制备苯甲醚；高级脂肪醇或烷基酚与环氧乙烷加成生成聚醚类产物等

重点监控工艺参数

烷基化反应釜内温度和压力；烷基化反应釜内搅拌速率；反应物料的流量及配比等

安全控制的基本要求

反应物料的紧急切断系统；紧急冷却系统；安全泄放系统；可燃和有毒气体检测报警装置等

宜采用的控制方式

将烷基化反应釜内温度和压力与釜内搅拌、烷基化物料流量、烷基化反应釜夹套冷却水进水阀形成联锁关系，当烷基化反应釜内温度超标或搅拌系统发生故障时自动停止加料并紧急停车。

安全设施包括安全阀、爆破片、紧急放空阀、单向阀及紧急切断装置等

16. 新型煤化工工艺

反应类型	重点监控单元
放热反应	煤气化炉

工艺简介

以煤为原料，经化学加工使煤直接或间接转化为气体、液体和固体燃料、化工原料或化学品的工艺过程。主要包括煤制油（甲醇制汽油、费-托合成油）、煤制烯烃（甲醇制烯烃）、煤制二甲醚、煤制乙二醇（合成气制乙二醇）、煤制甲烷气（煤气甲烷化）、煤制甲醇、甲醇制醋酸等工艺

工艺危险特点

（1）反应介质涉及一氧化碳、氢气、甲烷、乙烯、丙烯等易燃气体，具有燃爆危险性；

（2）反应过程多为高温、高压过程，易发生工艺介质泄漏，引发火灾、爆炸和一氧化碳中毒事故；

（3）反应过程可能形成爆炸性混合气体；

（4）多数煤化工新工艺反应速度快，放热量大，造成反应失控；

（5）反应中间产物不稳定，易造成分解爆炸

典型工艺

煤制油（甲醇制汽油、费-托合成油）；煤制烯烃（甲醇制烯烃）；煤制二甲醚；煤制乙二醇（合成气制乙二醇）；煤制甲烷气（煤气甲烷化）；煤制甲醇；甲醇制醋酸

重点监控工艺参数

反应器温度和压力；反应物料的比例控制；料位；液位；进料介质温度、压力与流量；氧含量；外取热器蒸汽温度与压力；风压和风温；烟气压力与温度；压降；H_2/CO 比；NO/O_2 比；$NO/$ 醇比；H_2、H_2S、CO_2 含量等

安全控制的基本要求

反应器温度、压力报警与联锁；进料介质流量控制与联锁；反应系统紧急切断进料联锁；料位控制回路；液位控制回路；H_2/CO 比例控制与联锁；NO/O_2 比例控制与联锁；外取热器蒸汽热水泵联锁；主风流量联锁；可燃和有毒气体检测报警装置；紧急冷却系统；安全泄放系统

宜采用的控制方式

将进料流量、外取热蒸汽流量、外取热蒸汽包液位、H_2/CO 比例与反应器进料系统设立联锁关系，一旦发生异常工况启动联锁，紧急切断所有进料，开启事故蒸汽阀或氮气阀，迅速置换反应器内物料，并将反应器进行冷却、降温。

安全设施，包括安全阀、防爆膜、紧急切断阀及紧急排放系统等

17. 电石生产工艺

反应类型	重点监控单元
吸热反应	电石炉

工艺简介

电石生产工艺是以石灰和碳素材料（焦炭、兰炭、石油焦、冶金焦、无烟煤等）为原料，在电石炉内依靠电弧热和电阻热在高温下进行反应，生成电石的工艺过程。电石炉型式主要分为两种：内燃型和全密闭型

工艺危险特点

（1）电石炉工艺操作具有火灾、爆炸、烧伤、中毒、触电等危险性；

（2）电石遇水会发生激烈反应，生成乙炔气体，具有燃爆危险性；

（3）电石的冷却、破碎过程具有人身伤害、烫伤等危险性；

（4）反应产物一氧化碳有毒，与空气混合到 12.5% ～ 74% 时会引起燃烧和爆炸；

（5）生产中漏糊造成电极软断时，会使炉气出口温度突然升高，炉内压力突然增大，造成严重的爆炸事故

典型工艺

石灰和碳素材料（焦炭、兰炭、石油焦、冶金焦、无烟煤等）反应制备电石

重点监控工艺参数

炉气温度；炉气压力；料仓料位；电极压放量；一次电流；一次电压；电极电流；电极电压；有功功率；冷却水温度、压力；液压箱油位、温度；变压器温度；净化过滤器入口温度、炉气组分分析等

安全控制的基本要求

设置紧急停炉按钮；电炉运行平台和电极压放视频监控、输送系统视频监控和启停现场声音报警；原料称重和输送系统控制；电石炉炉压调节、控制；电极升降控制；电极压放控制；液压泵站控制；炉气组分在线检测、报警和联锁；可燃和有毒气体检测和声光报警装置；设置紧急停车按钮等

宜采用的控制方式

将炉气压力、净化总阀与放散阀形成联锁关系；将炉气组分氢、氧含量高与净化系统形成联锁关系；将料仓超料位、氢含量与停炉形成联锁关系。

安全设施，包括安全阀、重力泄压阀、紧急放空阀、防爆膜等

18. 偶氮化工艺

反应类型	重点监控单元
放热反应	偶氮化反应釜、后处理单元

工艺简介

合成通式为 R—N══N—R 的偶氮化合物的反应为偶氮化反应，式中 R 为脂烃基或芳烃基，两个 R 基可相同或不同。涉及偶氮化反应的工艺过程为偶氮化工艺。脂肪族偶氮化合物由相应的肼经过氧化或脱氢反应制取。芳香族偶氮化合物一般由重氮化合物的偶联反应制备

工艺危险特点

(1) 部分偶氮化合物极不稳定，活性强，受热或摩擦、撞击等作用能发生分解甚至爆炸；

(2) 偶氮化生产过程所使用的肼类化合物，高毒，具有腐蚀性，易发生分解爆炸，遇氧化剂能自燃；

(3) 反应原料具有燃爆危险性

典型工艺

(1) 脂肪族偶氮化合物合成　水合肼和丙酮氰醇反应，再经液氯氧化制备偶氮二异丁腈；次氯酸钠水溶液氧化氨基庚腈，或者甲基异丁基酮和水合肼缩合后与氰化氢反应，再经氯气氧化制取偶氮二异庚腈；偶氮二甲酸二乙酯 DEAD 和偶氮二甲酸二异丙酯 DIAD 的生产工艺。

(2) 芳香族偶氮化合物合成　由重氮化合物的偶联反应制备的偶氮化合物

重点监控工艺参数

偶氮化反应釜内温度、压力、液位、pH 值；偶氮化反应釜内搅拌速率；肼流量；反应物质的配料比；后处理单元温度等

安全控制的基本要求

反应釜温度和压力的报警和联锁；反应物料的比例控制和联锁系统；紧急冷却系统；紧急停车系统；安全泄放系统；后处理单元配置温度监测、惰性气体保护的联锁装置等

宜采用的控制方式

将偶氮化反应釜内温度、压力与釜内搅拌、肼流量、偶氮化反应釜夹套冷却水进水阀形成联锁关系。在偶氮化反应釜处设立紧急停车系统，当偶氮化反应釜内温度超标或搅拌系统发生故障时，自动停止加料，并紧急停车。

后处理设备应配置温度检测、搅拌、冷却联锁自动控制调节装置，干燥设备应配置温度测量、加热热源开关、惰性气体保护的联锁装置。

安全设施，包括安全阀、爆破片、紧急放空阀等

附录四 初始事件发生频率

分类	IE	频率 /（次 / 年）
阀门	单向阀完全失效	1
	单向阀卡涩	1×10^{-2}
	单向阀内漏（严重）	1×10^{-5}
	垫圈或填料泄漏	1×10^{-2}
	安全阀误开或严重泄漏	1×10^{-2}
	调节器失效	1×10^{-1}
	电动或气动阀门误动作	1×10^{-1}
容器和储罐	压力容器灾难性失效	1×10^{-6}
	常压储罐失效	1×10^{-3}
	过程容器沸腾液体扩展蒸汽云爆炸（BLEVE）	1×10^{-6}
	球罐沸腾液体扩展蒸汽云爆炸（BLEVE）	1×10^{-4}
	容器小孔（≤ 50mm）泄漏	1×10^{-3}
公用工程	冷却水失效	1×10^{-1}
	断电	1
	仪表风失效	1×10^{-1}
	氮气（惰性气体）系统失效	1×10^{-1}
管道和软管	泄漏（法兰或泵密封泄漏）	1
	弯曲软管微小泄漏（小口径）	1
	弯曲软管大量泄漏（小口径）	1×10^{-1}
	加载或卸载软管失效（大口径）	1×10^{-1}
	中口径（≤ 150mm）管道大量泄漏	1×10^{-5}
	大口径（>150mm）管道大量泄漏	1×10^{-6}
	管道小泄漏	1×10^{-3}
	管道破裂或大泄漏	1×10^{-5}
施工与维修	外部交通工具的冲击（假定有看守员）	1×10^{-2}
	吊车载重掉落（起吊次数 / 年）	1×10^{-3}
	操作维修加锁加标记（LOTO）规定没有遵守	1×10^{-3}
操作失误	无压力下的操作失误（常规操作）	1×10^{-1}
	有压力下的操作失误（开停车、报警）	1
机械故障	泵体坏（材质变化）	1×10^{-3}
	泵密封失效	1×10^{-1}
	有备用系统的泵和其他转动设备失去流量	1×10^{-1}
	透平驱动的压缩机停转	1
	冷却风扇或扇叶停转	1×10^{-1}
	电机驱动的泵或压缩机停转	1×10^{-1}
	透平或压缩机超载或外壳开裂	1×10^{-3}

分类	IE	频率/（次/年）
仪表	BPCS（基本过程控制系统）回路失效	1×10^{-1}
外部事件	雷电击中	1×10^{-3}
	外部大火灾	1×10^{-2}
	外部小火灾	1×10^{-1}
	易燃蒸汽云爆炸	1×10^{-3}

附录五　安全措施消减因子数据

序号	类别	安全措施		说明	消减因子
1		本质安全设计	若正确执行，可使事故剧情发生的概率最小化	—	1.0～3.0
			若正确执行，可防止事故剧情的发生		3.0～6.0
2		基本过程控制系统（BPCS）		若一条事故剧情中存在多条独立的BPCS回路，最多可重复消减两次	1.0
3	独立保护层	关键报警和人员响应	操作人员响应时间小于10min	若一条事故剧情中存在多个报警，不可重复 操作规程中有明确的响应方案	0
			操作人员响应时间介于10min与20min之间		0.3～1.0
			操作人员响应时间大于20min		1.0
			操作人员响应时间大于24h		2.0
4		安全仪表系统	安全仪表功能SIL1	SIF回路的SIL等级已验证，若SIF回路没有验证，按照SIL1考虑 若一条事故剧情中存在多条独立的SIF回路，最多可重复消减两次 独立其他保护层的DCS联锁回路可算作SIL1	1.0
			安全仪表功能SIL2		2.0
			安全仪表功能SIL3		3.0
5		物理保护	100%能力的安全阀——堵塞工况、无吹扫	PSV设计泄放量须满足事故剧情最大泄放量要求且泄放至安全区域	0
			100%能力的安全阀/爆破片组合——堵塞工况、无吹扫		1.0
			100%能力的安全阀——清洁工况/堵塞工况、有吹扫		2.0
			冗余100%能力的安全阀——堵塞工况、无吹扫	单个PSV设计泄放量须满足事故剧情最大泄放量要求且泄放至安全区域	0
			冗余100%能力的安全阀/爆破片组合——堵塞工况、无吹扫		2.0
			冗余100%能力的安全阀——清洁工况/堵塞工况、有吹扫		3.0
			爆破片	—	2.0～3.0

序号	类别	安全措施		说明	消减因子
6	独立保护层	释放后保护措施	防火堤/围堰——部分挥发物料	降低由于储罐溢流、断裂、泄漏等造成的后果严重度	1.0
			防火堤/围堰——不挥发物料		2.0
			地下排污系统——无法收集	降低由于储罐溢流、断裂、泄漏等造成的后果严重度	0
			地下排污系统——部分收集		1.0
			地下排污系统——全收集		2.0
			开式通风口	防止超压	1.0～2.0
			耐火涂层	减少热输入率，为降压、消防等提供额外的响应时间	1.0
			防爆墙/舱	限制冲击液，保护设备或建筑物等，降低爆炸的后果严重度	2.0～3.0
			阻火器或防爆器	如果安装和维修合适，这些设备能够防止通过管道系统或进入容器或储罐内的潜在回火	1.0
			真空破坏器	必须设计用于减缓事故剧情	1.0
7	应急响应	应急预案		针对事故剧情的专项应急预案并定期演练	1.0
8	其他安全措施	现场仪表		操作人员巡检频率必须满足检测潜在事故的需要，并抄表记录与DCS仪表比对，该事故剧情中无报警措施时考虑消减	0.3
9		DCS显示		该事故剧情中无报警措施时考虑消减	0.3
10		操作规程		规定有针对性处理方法，并定期考核	0.3
11		人工取样分析	取样间隔时间小于过程安全时间	减少产品质量不合格、公用工程污染等后果严重度	1.0
12			取样间隔时间大于过程安全时间		0
13		人员佩戴PPE		要求人员佩戴PPE，防止或减缓人员伤害	1
14		视频监控（针对关键性设备）		1. 针对泄漏、着火等异常情况 2. 观察火焰的燃烧情况	0.5
15		水喷淋设施（自启动）		1. 外部火灾工况下 2. 水稀释或吸收泄漏物料趋于安全态	1.0
16		可燃/有毒性气体报警仪		超温超压引起的泄漏且压力和温度设置有报警时不考虑消减	1.0
17		止回阀	单止逆阀	管道压力不大于3.0MPa	1.0
			同类型的双止逆阀	管道压力介于3.0～7.0MPa之间	1.0
			不同类型的双止逆阀	管道压力大于7.0MPa	1.0

附录六 分析资料清单

提供方	序号	名称
业主提供资料	1	管道和仪表流程图（P&ID）
	2	装置的工艺流程说明和工艺技术路线的说明
	3	物料的安全技术说明书（MSDS）
	4	设备数据表（包括设计温度、设计压力、制造材质、壁厚、腐蚀余量等设计参数）
	5	装置的工艺流程图（PFD）
	6	安全阀和控制阀数据表
	7	装置的平面布置图
	8	装置的公用工程管道及仪表流程图（U&ID）
	9	设备的平面布置图
	10	自控系统、联锁说明文件
	11	紧急停车系统（ESD）的因果示意图
	12	安全设施设备清单（包括安全检测仪器、消防设施、防雷防静电设施、安全防护用具等的相关资料和文件）
	13	爆炸危险区域划分图
	14	消防系统的设计依据及说明
	15	废弃物的处理说明
	16	排污放空系统及公用工程系统的设计依据及说明
	17	装置历次分析评价的报告
	18	相关的技改技措等变更记录和检维修记录
	19	装置历次事故记录及调查报告
	20	装置的现行操作规程和规章制度

附录七 HAZOP 分析报告内容

HAZOP 分析报告大纲宜包括以下主要内容：

1 封面

2 签字页

3 目录

4 缩略词

5 正文

  5.1 项目概述

  5.2 分析范围

参考文献

[1] 危险与可操作性分析质量控制与审查导则：T/CCSAS 001—2018［S］.中国化学品安全协会，2018.

[2] 危险与可操作性分析（HAZOP 分析）应用指南：GB/T 35320—2017［S］.2017-12-29.

[3] 保护层分析（LOPA）方法应用导则：AQ/T 3054—2015［S］.2015-09-01.

[4] 赵红科，刘恒，阎伟华.HAZOP 概念性参数分析的重要性及 DMTO 装置的应用成果［J］.化工安全与环境，2018，31（12）：6.

[5] 保护层分析（LOPA）应用指南：GB/T 32857—2016［S］.2017-03-01.

[6] 危险化学品重大危险源辨识：GB 18218—2018［S］.2019-03-01.

[7] 安全生产风险分级管控体系通则：DB51/T 2767—2021［S］.2021-03-01.

[8] 生产安全事故隐患排查治理体系通则：DB51/T 2768—2021［S］.2021-03-01.

[9] 金文兵，刘哲纬.过程控制及仪表［M］.杭州：浙江大学出版社，2016.

[10] 管道仪表流程图设计规定：HG 20559—1993［S］.1994-11-01.